珈琲《コーヒー》の世界史

旦部幸博

講談社現代新書
2445

はじめに

歴史を知ればおいしさが変わる

ヒトが何かを食べるとき、その食べ物に込められた「物語」も一緒に味わっている——そんなセリフを聞いたことはないでしょうか。

コーヒーは、まさにその最たる例です。カップ一杯のコーヒーの中には、芳醇なロマンに満ちた「物語」の数々が溶け込んでいます。その液体を口にするとき——意識するしないにかかわらず——私たちは「物語」も同時に味わっているのです。コーヒーの歴史を知ることは、その「物語」を読み解くことに他なりません。歴史のロマンを玩味《がんみ》するにせよ、知識欲の渇きを潤すにせよ、深く知れば知るほどに、味わいもまた深まるというもの。一杯のコーヒーに潜んだその歴史を、この本で一緒に辿ってみましょう。

「歴史の本」だと聞いて、ひょっとしたら「コーヒーは好きだけど、歴史自体にはそんなに興味はないから……」と尻込みしたり、なかには「歴史を知ったからといって、それに何の意味があるんだろう？」なんて思った方もいるかもしれません。

しかし、そこには知的好奇心を満たす以上の大きな価値があります……じつは、歴史を知っているのと知らないのとでは、コーヒーのおいしさの感じ方が違ってくるのです！

「まさか、いくらなんでも大げさだろう」と疑う人もいるでしょうから、試しにいくつか具体例を挙げて、ちょっとした思考実験(?)をしてみましょう。

例えば「モカ」というコーヒーの名前は、皆さんも聞いたことがあると思います。モカとは、もともとアラビア半島南端のイエメンにある港町の名前です。17世紀、近くにあるイエメンやエチオピアの山地で収穫されたコーヒー豆がここからヨーロッパに輸出されたことで有名になった「コーヒー最古のブランド」で、以来、高級コーヒーの代名詞として高値で取引されつづけてきました。

19世紀前半に砂が堆積して廃港になった後も「モカ」はブランド名として残り、近隣の港から輸出されつづけて今日に至ります。昔から、良質なモカには「モカ香」という、赤ワインを思わせる上品な香味があると言われ、いつの時代の文献を見ても最高級品に位置づけられています。ただ、どの時代にも「昔のモカはもっと素晴らしかった」と評する人がいるのが面白いところで、もしそれが——記憶の美化によるものではなく——本当のことなら、17世紀のモカはどれだけおいしかったのだろうと想像せずにはいられません。

また例えば「ゲイシャ」という変わった名前のコーヒーがあります。コーヒーの故郷であるエチオピア西南部の、ゲイシャ(またはゲシャ)という村で、1930年代に採取された野生種です。名前だけでなく香味も変わっていて、柑橘類やアールグレイ紅茶のような、コーヒーらしからぬ香りを持っています。

このゲイシャ、1963年にはパナマに持ち込まれましたが、その後は収穫性が高い他品種への植え替えが進んで忘れ去られていました。ところが2004年、農園の片隅に残っていたゲイシャの古木から採れたコーヒーをパナマのコンテストに出品したところ、個性的で上品な香りが高評を呼び、見事その年の1位に輝くとともに、それまでの最高落札価格の記録を塗り替えました。それ以降、他の国でも栽培されるようになった、現在もっとも注目されている品種です。

モカとゲイシャ、いわば「最古」と「最新」の、2つのコーヒーの来歴を簡単に説明してみました……どうでしょう、何となく興味が湧いて、飲みたくなったりはしなかったでしょうか。今後「モカ」や「ゲイシャ」と銘打たれたコーヒーを飲むときは、以前とは味や香りの感じ方が少し違ってくるはずです。

「それって単に気分の問題じゃないの？」と思った方もいるかもしれません。しかし、私たちが感じる「おいしさ」の全てが、味や香りなどのような、ダイレクトに受け取る感覚刺激だけで決まるものではないのです。その場の雰囲気や、子供時代の食体験……そして五感への直接刺激によらない、「情報そのもの」も、味の感じ方を大きく左右します。

ただのビタミン剤を、「痛み止めだ」と信じ込ませてから飲ませると、存在しないはずの鎮痛効果が実際に現れる「プラセボ効果」という現象があります。じつは「おいしさ」でもこれと同様の現象が起こります。例えば、味覚検査のプロを集めて食パンを食べ比べてもらうとき、製造元や値段を教えずに採点するのと、情報を与えた場合とでは、評価が実際に変わる——有名ホテル製や値段の高いものは一層おいしく感じる——ことが実験で証明されているのです。

味覚研究の分野ではこれを「情報のおいしさ」と呼び、「おいしさ」の構成要素の一つに挙げています。モカやゲイシャの話もその一例で、「歴史を知る」ことには、「情報のおいしさ」を通じて、コーヒーの味わいを実際に変化させる力があるのです。

「本物の物語」を味わうために

ただ、この「情報のおいしさ」は厄介な問題も抱えています。パンの食べ比べ実験で、もしもわざとラベルを入れ替えてから採点させたら？……きっと有名ホテル製と表示された、別の食パンの点数がアップするでしょう。「情報のおいしさ」は、その情報の真偽とはあまり関係なく、当人の思い込みや認識次第で誘導されてしまうのです。

コーヒーについても、実際にこんな出来事がありました。

2001年、アメリカのとある業界誌に「セントヘレナ：忘れられたコーヒー」と題する記事が掲載されました。南大西洋に浮かぶセントヘレナ島は、失脚したナポレオンが最期を迎えた地として有名ですが、流刑中のナポレオンがこの島のコーヒーを絶賛していたと19世紀ヨーロッパで話題になり、高値で取引されていたというのです。この記事をきっかけにセントヘレナコーヒーの人気が沸騰、破格の高値を呼びました。

しかし、これには後日談があって、２００4年『コーヒーの真実』を著したジャーナリスト、アントニー・ワイルドによれば、当時の資料のどこにもナポレオンが絶賛した記録はないとのこと。実際は、別の産地のコーヒーをもらったナポレオンが「旨いコーヒーは、このひどい家では貴重だ」と言ったのが、「セントヘレナ島でいいものはコーヒーだけだ」と言ったことになり、さらにそれがセントヘレナのコーヒーを絶賛したことになった可能性が指摘されています。

歴史上のエピソードは、純然たる史実そのものより、多少の誇張や脚色が混じってでも面白みが増えた「物語」のほうが、人々にもてはやされ、広まりやすくなるものです。そして、面白くて魅力的な物語は「情報のおいしさ」だけでなく、大きな宣伝効果を生み出します。となれば当然、商魂逞しい人々がそれに目を付けないわけはありません。

そうした宣伝の工夫も含めて「商売のうち」でしょうから、多少面白おかしく伝える程度なら、個人的にはあまり文句をいうつもりはありません。しかし儲けのためならば、自分たちに都合のいいように「物語」をねじ曲げる人は、いつの時代にもいるのです。

こういう話になると、アントニー・ワイルドの指摘に対して「たとえ嘘でも、本人がそう信じることでおいしく飲めるんだから、とやかく言うべきではない」と反論するコーヒー関係者が現れがちです。しかし、プラセボ効果が出るからといって、正規の治療薬の代わりにニセ薬を売り付けるのは、医学倫理上、認められません。コーヒーだって、高級品の中身を安物に入れ替えて高く売ったら、シャレにならないでしょう。

実際、18〜19世紀頃からヨーロッパでは、コーヒーにチコリやトウモロコシなどの混ぜ物をしてごまかす業者が数多く、愛飲家たちは常に「本物のコーヒー」を味わいたいと願ってやみませんでした。それと同様に、私は一人のコーヒー好きとして、せっかく味わうならば「本物の物語」を味わいたいのです——誇張や脚色などの混ぜ物がない、本物のコーヒーの物語を。それがこの本を執筆した動機でもあります。

『コーヒーの科学』の反響

ところで私は、いわゆるバイオ系の研究者で、普段は大学で微生物やがんの研究・教育に携わっています。しかし、大学時代に趣味として始めたコーヒー研究の魅力に取り憑かれ、自分で淹《い》れたり煎ったりするだけでなく、コーヒーに関する書誌文献を渉猟しつづけ……気付けば、いつのまにかその数は１０００本を超えていました。

そうして得た知識をもとに、２０１６年に上梓した『コーヒーの科学』（講談社ブルーバックス）は、予想以上の反響で版を重ねています。そのなかでも意外に好評だったのが、「コーヒーの歴史」という章でした。

「コーヒー栽培が世界に広がる過程が『盗み取り』の連続だったなんて！」「紅茶で有名なスリランカも昔はコーヒーを作っていて、病害のせいで断念したとは知らなかった。しかもその転換点で、あのトーマス・リプトン卿が登場したというくだりに、鳥肌が立った」……などなど、多くの方から好意的な感想が寄せられました。

ただ、じつはこの「コーヒーの歴史」の章、草稿段階では相当な文章量だったのですが、理系的な話を中心にするために大幅に削ることになり、泣く泣く栽培史と技術史だけに絞りこんだという「裏事情」があります（ブルーバックスですから、仕方ありません）。

そこで今回は、読者の方々の「コーヒーの歴史をもっと読みたい！」という声にお応えして、まるまる一冊、歴史だけの本を書こうと思い立ったというわけです。つまり、専ら理系向けに書いた入門書が『コーヒーの科学』だとすれば、本書『珈琲《コーヒー》の世界史』は、歴史好きな文系の皆さんに向けたコーヒー入門書と言えるのです。

本格的なコーヒー通史をあなたに

「コーヒーの歴史」に関する文献としては、W・H・ユーカース『オール・アバウト・コーヒー』という、「コーヒーのバイブル」と関係者から呼ばれる大著があり、これが戦後日本で書かれたコーヒー本の重要な「種本」になってきました。ただ、その最終版の出版年は1935年と古く、間違いや俗説だと判明した内容も含んでいます。コーヒーを取り上げる様々なメディアの中には、未だにそうした古い情報を紹介しているものも、多々見受けられます。

じつはユーカース以後も、あまり取り上げられないだけで、現代アメリカのコーヒーに関する優れた通史であるマーク・ペンダーグラスト『コーヒーの歴史』、中世中東のコーヒーの起源を解説したラルフ・ハトックス『コーヒーとコーヒーハウス』、本邦でも臼井隆一郎『コーヒーが廻り世界史が廻る』などの名著が出版されてきました。ただし、どれも専門家向けだったり、特定の時代や地域に特化した内容のものが大半です。「歴史を学ぶときは、まず通史から」と言いますが、コーヒーについては一般向けに薦められる通史本が見当たらないのが現状です。

そこで、「本が無いなら自分で書いてしまえ」と、先史時代から今現在に至るまで、コーヒーが辿った歴史を、起源に関する最新仮説なども交えながら、できるだけわかりやすく本書にまとめました。近年話題の「スペシャルティ」「サードウェーブ」「純喫茶」なども、じつは混乱の多い言葉なのですが、それぞれの歴史をきちんと知れば、「なるほど、そうだったのか！」と目からウロコが落ちて、すっきり理解できることでしょう。

また、時代の流れという「縦のつながり」だけでなく、複数の国や地域間の関係性、コーヒーと社会や経済情勢との関係性など「横のつながり」にも着目する、いわゆる「グローバルヒストリー」方式で、コーヒーとともに繰り広げられてきた「物語」を紹介しています。

「イギリス近代化の陰にコーヒーあり」「フランス革命の陰にもコーヒーあり⁉」「世界のコーヒーをナポレオンが変えた？」「コーヒーで成り上がった億万長者たち」「東西冷戦とコーヒーの意外な関係」などなど、学校で歴史の時間に習ったいろんな出来事が、じつは意外なかたちでコーヒーとつながっていることに、きっと驚かされるでしょう。

ヒト社会とコーヒーの歴史的交錯に思いを馳《は》せながら、過去の偉人たちや、名もなき市井の人々が、どんなコーヒーを飲んでいたのだろうと考えを巡らす——それは、いつもと違った角度から「コーヒーのおいしさ」を再発見することにもつながるのです。

それでは、ぜひお気に入りのコーヒーでも飲みながら……。

目次

序章　コーヒーの基礎知識

歴史についての話をはじめる前に、みんなが知っているようで知らない（？）コーヒーの基本的な知識を、簡単にお話ししておきたいと思います。

コーヒーは世界第3位の飲み物

我々が普段何気なく飲んでいるコーヒー。それは、コーヒーノキというアカネ科の植物の種子（コーヒー豆）から作られる飲み物です。お茶やココアと同様にカフェインを含み、単においしい飲み物としてだけでなく、仕事や勉強の合間の気分転換や、眠気覚まし、ストレスの緩和などの効果――専門的な言い方をすれば、精神薬理的作用――を持つ嗜好品としても、世界中の人々に親しまれています。

現在、その総消費量は単純計算で1日あたり、なんと約25億杯。水、お茶（1日約68億杯）に次ぐ世界第3位の飲み物です。ただし、1杯あたりに使う分量が、茶葉は約2gなのに対し、コーヒー豆は約10gのため、原料の総消費量では茶を上回っています。

国別で見ると北欧諸国の消費が最も多く、第1位のフィンランドは1人あたりの平均で1日3・3杯。アメリカは1・2杯で、日本は1・0杯……つまり、平均すると日本人全員が毎日1杯ずつ飲んでいる計算になります。

コーヒーの語源は？

ところで、この「コーヒー」という名称はどこで生まれたのでしょうか。

それは、アラビア語の「カフワ qahwah」に由来します。この言葉がトルコ語の「カフヴェ kahve」になり、その後、ヨーロッパにこの飲み物が伝わるとともに、coffee（英語）、café（フランス語）、Kaffee（ドイツ語）など、各国語に派生していきました。日本にはオランダ人が最初に持ち込んだため、オランダ語の koffie から、「コーヒー」という呼称が生まれています。なお「珈琲」という漢字は、江戸時代の蘭学者、宇田川榕庵《ようあん》が最初に用いたと言われ、おそらく中国語表記の「咖啡」から独自に考案したと思われます。

中世アラビアの辞書編集者によれば、アラビア語の「カフワ q-h-w-」はもともと、「食欲を消し去る q-h-y」という言葉から派生したもので、その語義から、ワインを意味する古い言葉の一つだったとのこと。それが、アラビア半島でコーヒーが飲まれだした15世紀頃から、この「睡眠欲を取り去る」飲み物を指す言葉として定着していったようです。

カフワの語源についてはもう一つ、コーヒーノキの原産地であるエチオピア西南部の「カファ Kaffa」という地名が由来だとする異説もあります。ただし、アラビア語の「カフワ」は飲み物としてのコーヒーだけを指す言葉であり、コーヒーノキやコーヒー豆（アラビア語ではブン bun）を意味しないことから、研究者の多くはこの説に懐疑的です。

また、カファという地名がコーヒーから付いたというわけでもなさそうです。地名の由来は不明ですが、アラブ人の伝説によれば、エチオピアにイスラームの教えを広めるため、西に向かって旅していた修道者が、この地へ来たときに「もう十分だ（Yekaffi）。これ以上進まなくてよい」と、アッラーのお告げを受けたことから名付けたと伝えられています。

コーヒーの三原種

コーヒーの原料となるコーヒーノキは、アフリカ大陸原産の常緑樹です。熱帯産で寒さに弱く、通称「コーヒーベルト」と呼ばれる南北回帰線の間の、熱帯から亜熱帯にかけての国々で栽培されています。ただし「熱帯産」とは言っても、もともと標高が高い山地の森の中で、背の高い樹々の陰に生える植物のため、強い日差しや暑さにも割と弱く、年間を通じて気温が15〜25℃になる標高1000〜2000mの高地が、良質なコーヒー作りにはもっとも適しています。

世界のコーヒー豆の総生産量は、現在、年間約900万トン（60kg入り麻袋で取引され、それで換算すると約1億5000万袋）。最大生産国であるブラジルが世界の約3分の1を占め、以下、ベトナム、コロンビア、インドネシア……と続きます。その大部分はアメリカ、ヨーロッパ、日本などの消費国への輸出品です。輸出総額は多い年で200億ドルにも上り、熱帯地方産の一次産品の中では石油に次いで第2位の、重要な取引商品だと言われています。なお、近年では生産国の国内消費も増えつつあります。

コーヒーノキの仲間（アカネ科コフェア属）は、現在125の植物種が知られていますが、主に栽培されているのは、アラビカ種とロブスタ種（植物学上の正式名称はカネフォーラ種）で、これにリベリカ種を加えた3種類を「コーヒーの三原種」と呼んでいます。

このうちアラビカ種は、エチオピア西南部のエチオピア（アビシニア）高原が原産です。優れた香りと適度な酸味で、もっとも高く評価されていますが、病虫害に弱いのが玉にキズ。これが現在、世界の生産量の6～7割を占めています。

残りの3～4割を占めるのがロブスタ種。中央アフリカの西部が原産で、香味の面ではアラビカ種に比べて低評価ですが、病虫害に強くて収量も多く、比較的低地でも栽培できることから、耐病品種として広まりました。酸味が乏しく、きつい苦味と独特の土臭さ（ロブスタ臭）があり、通常は深煎りにしてブレンドの材料などに用いられます。またカフェイン含量が多いため、インスタントコーヒーなどの加工原料にも利用されています。

残りの一つ、リベリカ種も中央アフリカ西部が原産です。ただし、品質面ではアラビカに劣り、耐病性ではロブスタに劣るため、現在はアジアやアフリカの一部でわずかに栽培されているにすぎません。

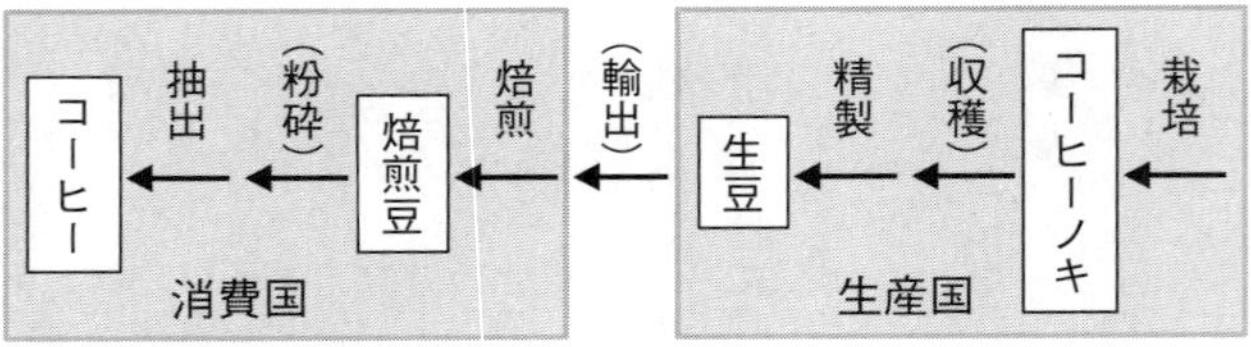

コーヒーができるまで

コーヒーができるまで

コーヒーノキは、年に1回〜数回――国や地域によりますが、通常は雨季のはじめに――ジャスミンのような芳香のある真っ白な花を咲かせ、そのあと6〜9ヵ月かけて「コーヒーチェリー」と呼ばれる、赤い（品種によっては黄色の）サクランボ大の果実が熟していきます。果実の中には通常、半球形の大きな種子が2つ、向かい合わせの状態で入っています。この種子こそが、私たちの利用するコーヒー豆です。

農園で収穫された果実は集積場に集められ、その中からコーヒー豆だけを取り出す工程にかけられます。果実の中のコーヒー豆は「パーチメント」という薄い殻で覆われており、ある程度乾燥した状態で機械的に少し力を加えてやれば、殻が剥がれて、中から薄緑色をしたコーヒーの生豆（なままめ、きまめ）を取り出せます。

この工程は「精製」と呼ばれており、

①乾式（ドライプロセス）　別名：ナチュラル

②湿式（ウェットプロセス）　別名：水洗式（ウォッシュト）
③半水洗式（セミウォッシュト）　別名：パルプトナチュラル、ハニー精製など
に大別され、どの方法を使うかは産地や生産者によっても異なります（次頁表）。

精製された生豆は、保管や輸送中に有害なカビが生えるのを防ぐために、水分量12％以下まで乾燥させてから消費国に輸出され、次の加工処理である「焙煎」が行われます。

焙煎とは、一言で言うと「生豆を乾煎《からい》りにする」こと。焙煎機という機械を使って、180～250℃くらいまで生豆を加熱します。その過程で水分が蒸発し、生豆は次第に褐色、黒褐色に変化し、香ばしい匂いと苦味を持った「焙煎豆」に生まれ変わるのです。

焙煎の度合い（焙煎度）が「浅煎り→中煎り→深煎り」と進むに連れて、豆の色が黒くなっていくだけでなく、味や香りも大きく様変わりします。一般に浅煎りは苦味が弱く、焦がし砂糖やナッツのような香ばしさや酸味に秀でます。その後、深煎りになるにしたがって酸味は弱まり、苦味が強まるとともに、ビターチョコレートやスコッチウイスキーを思わせる重厚な香りや、複雑で奥深いコクのある味わいへと変化していきます。

焙煎された豆は、コーヒーミルで小さく砕いた後、その中の成分をお湯（または水）に溶かし出します。この工程が「抽出」です。ペーパードリップやネル（布）ドリップ、コーヒーサイフォンやエスプレッソなど、さまざまな種類のコーヒー抽出器具があり、その

名称・別名	精製の流れ	主な地域	備考
・乾式 ・ナチュラル *非水洗式(旧称)は、「洗わない=汚い」印象から非推奨に	乾燥 ↓ 脱穀 ↓ (生豆)	ブラジル	比較的、短期間(1週間〜)で乾燥。コクが強く(=ストロングコーヒー)、ソフトな揮発性の酸味
		エチオピア・イエメン・中米の一部	乾燥中に(〜4週間)果肉が発酵。上記特徴に、熟した果物やワイン様の発酵香(モカ香)
・湿式 ・水洗式 (ウォッシュト)	果肉除去 ↓ 水槽発酵 ↓ 洗浄 ↓ 乾燥 ↓ 脱穀 ↓ (生豆)	上記以外(水の便の良い産地)	果肉除去(パルパー処理)後、一晩水槽に浸けて、水中微生物により表面に残った粘物質を分解。苦味が抑えられ(=マイルドコーヒー)、フルーツのようなしっかりした酸味を持つ、すっきりした(=クリーンな)味わい
・半水洗式 (セミウォッシュト) ・パルプトナチュラル ・エコウォッシュト ・ハニー精製	果肉除去 ↓ 乾燥 ↓ 脱穀 ↓ (生豆)	ブラジル・中米の一部	パルプトナチュラル(=エコウォッシュト)。 果肉の大部分を除去し、水洗式に近いクリーンな香味に
		中米などの一部	ハニー精製。果肉の除去具合を調整。多く残せば発酵香が付き、乾式に近い香味に
		インドネシア(スマトラ・スラウェシ)	スマトラ式、湿式脱穀(ギリン・バサー)。果肉除去後、水分が多いまま脱穀する特殊な方法。しばしばハーブの匂いや土臭さ、白カビチーズ様の発酵香

コーヒーの「精製」の比較

どれを使ってどう淹れるかでも、コーヒーの味わいは変わります。

私たちが飲むコーヒーは、このように、じつに多くの過程を経て出来上がっています。生豆の品質や品種、精製法の違い、焙煎度や抽出法、そしてその技術の良否など、さまざまな要因が積み重なった上に、「おいしいコーヒー」が生まれてくるのです。

1章　コーヒー前史

現在、世界中の人々が飲んでいる嗜好飲料の中で、お茶には5000年、カカオには4000年の歴史があると言われています。一方、コーヒーが確実に飲用されていたと言える最初の時代は15世紀頃……お茶やカカオに比べて、なんだか随分、歴史が浅いもののようにも感じられます。しかし、じつはコーヒーのほうがお茶やカカオよりも遥か昔に、人類と巡り合っていた可能性が高いのです！　その最初の出会いは、いったいどんなものだったのでしょうか？　この章では、さまざまな手がかりから、その謎に迫ってみます。

「ヤギ飼いカルディ」と「シェーク・オマール」

世間に出回っているコーヒーの本を読むと、コーヒーとヒトとの出会いについては、次の2つのエピソードが書かれています。改変されたバージョンがいくつもありますが、その骨子はだいたい以下のようなものです。

1.「ヤギ飼いカルディ」発見説

カルディという名のヤギ飼いの少年が、自分のヤギを山に連れて行ったとき、あまりに興奮して騒ぐので様子を見てみることにしました。すると、茂みに実っていた赤い木の実を食べていることに気づき、さっそく自分でも食べてみたところ、なんだか楽しい気分になって、ヤギと一緒に飛び跳ねて踊ったという話です。

さらに、それを目撃した（あるいは話を聞いた）修道僧が、夜間のお祈りのときに利用するようになったという、「眠らない修道院」の伝説として紹介されることもあります。

2・「シェーク・オマール」発見説

無実の罪でイエメンにあるモカの街を追放された、シェーク・オマール（シャイフ・ウマル。シェーク／シャイフは長老や族長の意）というイスラームの修行者が、空腹に苦しみながら山中をさまよいつづけていました。そのとき、赤い木の実がなっているのを発見し、それを食べたところ、疲労が回復したという話です。

このとき、小鳥に導かれて発見したとか、その後、この実から作ったスープでモカの街を疫病から救って罪を許されたとか、いろいろなバージョンの話があります。

中にはこれらを史実のように紹介している本もありますが、そんなことはありません。この2つの発見説については、いずれも17世紀半ばに著された最初期の文献が今も残っており、その中で「説話や民間伝承である」ときちんと述べられています。

ヤギ飼いカルディの伝説は、イタリアでアラビア語教師をしていたシリア人、ファウスト・ナイロニが1671年に著した『コーヒー論』が初出です。ときどきエチオピア高地の話だと誤解されますが、場所はオリエント（中東）のどこかで、時代は不明。「カルディ」はアラブ系の人名ですが、原典に少年の名前はなく、飼っていたのもラクダかヤギと書かれており、一緒に踊ったという話もありません。

一方、シェーク・オマールの話は、オスマン帝国のキャーティプ・チェレビーが1650年頃に著した当時最大の地理書『世界の鏡（Gihan numa）』が初出で、イエメンの民間伝承として紹介されています。ただし物語の前半には明らかに、全く別のイスラーム聖者のエピソードが混ざっているなど、史実としての信憑性には欠けます。

さて、この2つの「発見説」、単なる伝説伝承の類いとはいえ、3つの共通する要素が窺《うかが》えます。それは、

①主人公（おそらくアラブ系の人物）が山の中に人知れず生えていたコーヒーを発見した
②最初から飲み物だったのではなく、果実を食べたのがはじまり
③神経興奮や疲労回復などの薬効が発見につながった

という点です。果たして、本当のところはどうだったのでしょうか。

コーヒーノキのルーツ

ここでいきなり壮大な話になりますが、「地球と生命の歴史」を遡《さかのぼ》って考えてみようと思います。そもそもコーヒーノキは、いつ、どのように地球上に現れたのでしょう？

その直接の証拠になるコーヒーノキの化石は、じつはまだ発見されていません。しかし、近縁なアカネ科植物の花粉の化石はいくつか見つかっており、それが出土した地層の年代と、生物間での遺伝子の違いをもとに進化年代を割り出す「分子進化時計」解析の結果から、おおまかな年代が推定されています。それによれば、コーヒーノキの起源は中新世（約2300万年前〜530万年前）まで遡り、約1440万年前のカメルーン付近（中央アフリカ）で、近縁植物との共通祖先から原始的なコーヒーノキの仲間（コーヒーノキ属）が生まれて、アフリカ大陸一帯の熱帯林に広がったと考えられています。

その後、アフリカ大陸の東部では、1000万年前〜500万年前にかけて大規模な地殻の移動が起こり、エチオピアからタンザニアにつながる大地溝帯（グレート・リフト・バレー）が形成されました。この、幅数十km、深さ100mにも及ぶ巨大な大地の裂け目は森林を分断し、多くの生物が移動できなくなって、それぞれの地域ごとに独自の進化を辿りました。コーヒーノキもその例に漏れず、この頃からアフリカ各地で多様に分岐していったのです（次頁図）。これが約420万年前頃だと言われています。また、このときソマリア半島で進化したものの一部がインド沿岸部やオーストラリア北部に、タンザニアで進化

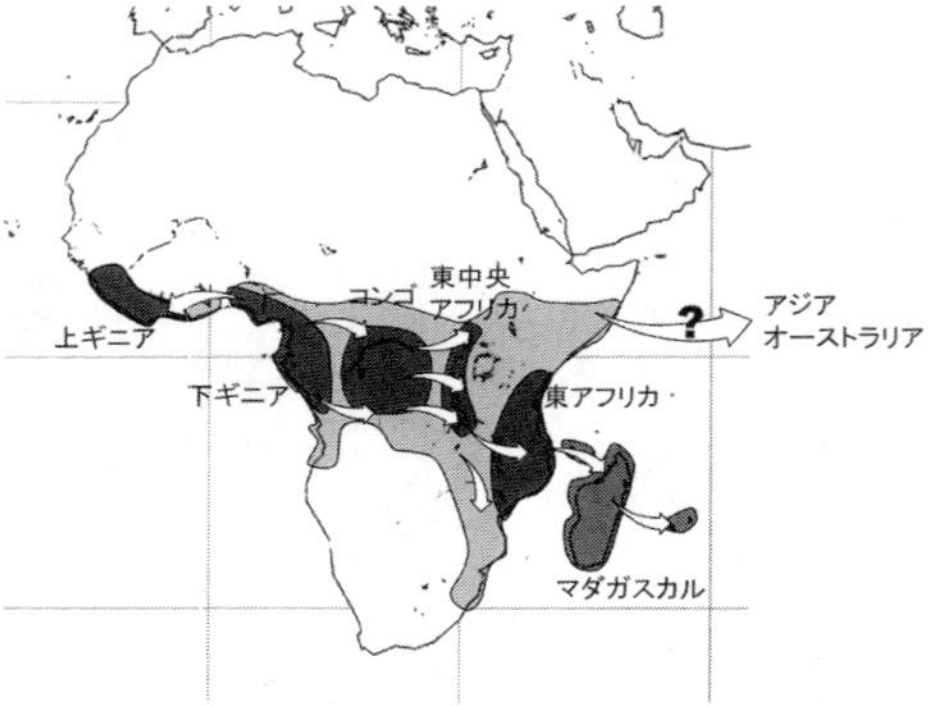

アフリカ大陸での伝播
（Anthony ら［2010］をもとに作成）

したものの一部がコモロ諸島やマダガスカル島に、それぞれ伝播していきました。

その後、300万年前頃から到来した氷河期に多くの種が絶滅したものの、一部は7万年前～1万年前の最終氷期を乗り越えて生き残りました。現在はアフリカ大陸に43種、マダガスカル島に68種、オセアニアに14種の、計125種のコーヒーノキの野生種が自生しています。

ただし、この125種のうちコーヒーとして利用されてきたのは、なんとたったの3種類……それがすでに述べた、アラビカ種、ロブスタ種、リベリカ種の「コーヒーの三原種」です。もともと、最初に人類がコーヒーとして利用していたのは、アラビカ種でした。しかし、19世紀後半にさび病（158頁）という病害が世界的に蔓延したとき、耐病品種の探索が行われ、このとき見つかったのがリベリカ種とロブスタ種だったのです。

三原種のうち、ロブスタ種とリベリカ種は、ともに中央アフリカ西部で、共通祖先から枝分かれして生まれたものですが、アラビカ種だけは生まれた経緯が少し異なります。最新の遺伝子研究の結果、アラビカ種は、コーヒーノキがアフリカ各地で進化を遂げた後で、タンザニア西部の高地に自生するユーゲニオイデス種というコーヒーノキに、ロブスタ種の花粉が受粉して生まれたことが明らかになりました。

ロブスタ種とユーゲニオイデス種は、本来異なる地域の植物ですが、ビクトリア湖の北西に位置するアルバート湖周辺には、両方が自生可能なエリアが現存しています。今から66万5000年前頃、アルバート湖周辺まで繁殖地を広げた両者が巡り合い、その間に生まれた子孫が大地溝帯の山地沿いにエチオピア西南部まで広がって、森の中で氷河期を生き残った……それが現在のアラビカ種の起源だという仮説が提唱されています。

コーヒーとの最初の出会い

「コーヒーノキの故郷」であるアフリカ大陸は、我ら人類の故郷でもあります。ヒト・ゴリラ・チンパンジーの共通祖先とオランウータンの祖先が分岐したのが、コーヒーノキ属が出現したのと同じ時期（1400万年前頃）。やがてその後、約700万年前の中央アフリカでヒトの祖先にあたる「猿人」が分岐し、さらにその仲間から約200万年前のタンザニアで「ヒト属」、すなわち現生人類の共通祖先が生まれたといわれています。なので、地球上ではコーヒーノキのほうが人類よりもはるかに「先輩」だったといえるでしょう。

その後、ヒト属の一部は170万年前にアフリカからユーラシア大陸に渡ってネアンデルタール人やデニソワ人などの「旧人」になり、アフリカに残ったグループから「ホモ・サピエンス」、すなわち我々ヒトの祖先が生まれました。現在知られている最古のホモ・サピエンスは、約20万年前のエチオピアに暮らしていたといわれています。この頃にはすでにアラビカ種もエチオピアにまで広まっていたと思われます。

先に述べた2つのコーヒー発見説は「山の中に人知れず生えていたコーヒーを発見した」というストーリーでしたが、こうしてそれぞれの誕生の歴史を辿ってみると、本当の「最初の出会い」はそうではなかった可能性が高いと考えられます。コーヒーノキは、じつは人類が地球上に生まれたそのときから、すでに身近に存在する植物だったのです。

改めて考えてみると、お茶には5000年、カカオには4000年の歴史があると言いますが、それらの植物との出会いは、人類がユーラシア大陸やアメリカ大陸にそれぞれ移住した後のこと。人類誕生のときまで遡れるコーヒーノキとの出会いのほうが、お茶やカカオよりも、はるかに早かった可能性は高いと言えます。

ただし、コーヒーノキが自生する中央アフリカやエチオピア西南部では、大きな文明が発達しませんでした。これに対して、茶やカカオは幸いにも出会ったその地に文明が発展し、遺された文献や遺跡から利用の記録を辿れるため、古い歴史が知られているのです。

コーヒーは「禁断の果実」？

ごく一部の例外を除いてコーヒーノキ属の植物はみんな、種類により含量は異なるものの、種子にあたる「コーヒー豆」以外の部位にもカフェインを含んでいます。果実も例外ではありません。カフェインは一部の昆虫に対して毒性を持ち、それらによる食害を防ぐ役割を担っていると考えられていますが、トリや哺乳動物にはほぼ無害です。実際、コーヒーが自生している地域では、サルやトリ、ジャコウネコなど多くの小動物がその果実を食べることが知られています。我々のご先祖様もまた、生まれたときから身近にあったコーヒーの果実を食べていたであろうことは想像に難くありません。

『コーヒーの真実』の著者であるジャーナリスト、アントニー・ワイルドもそう主張している一人です。彼はさらに想像の翼を広げて、「エチオピアに生えていた野生のコーヒーの果実に含まれているカフェインが、人類の進化に手を貸したのではないか」「コーヒーこそが聖書に出てくる『知恵の実』だったのではないか」とも述べています。

ただ、それはさすがに壮大すぎやしないか？　というのが、私の正直な感想です。確かにロマンはあるけれど、それを支持する科学的根拠は今のところありません。何より、進化を促すというのは、生物学的には遺伝子を変化させるのと同じこと。カフェインがそんなに簡単に突然変異を促すようなシロモノだったら、おちおち飲んでもいられません。

もっとも、「コーヒーが人類の進化に手を貸した」は大げさですが、逆に「人類の祖先がコーヒーの進化に手を貸した」可能性は十分あります。果実を食べた小動物が、流木に乗って海を渡るなどしながら各地に移動し、その糞によってコーヒーノキを運んだと考えられているからです。我々の遠いご先祖様もこうした「運び手」だったのかもしれません。

コーヒーブレイク

動物の●●●から採れる最高級コーヒー

ジャック・ニコルソンとモーガン・フリーマンの二大名優が競演した、『最高の人生の見つけ方』という映画をご存じでしょうか？　癌で余命半年を宣告された二人の男が「死ぬまでにやりたいことリスト」を作って実行していくという、笑いあり涙ありの感動作です。この作品でジャック・ニコルソン演じる余命半年の億万長者は「最高級のものだけ飲み食いする」というポリシーから、「コピ・ルアク」というとても高価なコーヒーだけを飲んでいて、これがこの映画の小道具になっています。

このコピ・ルアクは、昔は「知る人ぞ知る」コーヒーだったのですが、1995年にイグノーベル賞（風変わりで笑える研究を表彰するノーベル賞のパロディに当たる催し）で、栄養学賞を受賞してから、一気に知名度が上がったように思います。日本で製作された『かもめ食堂』という映画にも登場しています。

コピ・ルアクとは、インドネシアで作られているコーヒーで、現地の言葉で「コピ」はコーヒー、「ルアク」はジャコウネコを指します。じつはこのコピ・ルアク、コーヒーの果実を食べたジャコウネコのウンチを集め、それに混じっている未消化のコーヒー豆を取り出したものなのです。

「なぜわざわざそんなものを！」と思われるかもしれませんが、意外にもその歴史は古く、1868年にフランスで出版されたアンリ・ヴェルテールの名著『コーヒーの歴史に関するエッセイ』で、オランダ領インドネシアのエピソードとして紹介されています。現地の人は普通の豆のほうを好むけれど、「伝説」的な価値があるから、集めて売っているという話です。

ジャコウネコ以外でも、ユーカースによる大著『オール・アバウト・コーヒー』（1922年）には、インドやアフリカのサルやトリがコーヒーの果実を食べて種子を運ぶ話や、インドではそのサルのウンチから「モンキーコーヒー」を採るという、よく似た話が書かれています。ブラジルでは、農園に住むジャクーという鳥の落とした糞から集める「ジャクーコーヒー」というものが高値で取引されていますし、最近ではなんとゾウにコーヒーの果実を食べさせて、そのウンチから作る「ブラック・アイボリー」というタイのコーヒーも知られています。

「汚い」と思われるかもしれませんが、腸の中では果肉だけが消化され、コーヒー豆は丈夫なパーチメントに覆われたまま排泄されますので、パーチメントを外してやれば中身は一応汚れていませんし、万一何かしらの菌が付いていても焙煎すれば全部死ぬので、これまた一応衛生的にも問題ありません――もちろん、気分的にどうかは人それぞれなので、無理にはお薦めしませんが。

気になるその味と香りですが、ジャコウネコの体を通過したからと言って、別に麝香《じゃこう》や霊猫香《れいびょうこう》の匂いがつくわけではありません。ただし、ジャコウネコの腸内微生物による発酵が独特の香味を生むと言われています。商品ごとのばらつきが大きくて一概には言えないのですが、全体として苦味が少なく、浅煎りで飲まれることが多く、柔らかな酸味とオレンジのような香り、そして生のナッツを思わせる、少しクセのある香りがあります。深煎りにするとこれらの特徴は薄れ、カカオのような香味に変化します。ただ、いずれも果肉を強めに発酵させるタイプのコーヒーにはときどき見られる香味なので、どこまでコピ・ルアクだけに固有の特徴と言っていいか、よくわからないのが本音です。

また、近年では高値で売れるからと、狭い檻に閉じ込めたジャコウネコにコーヒー豆を無理矢理食べさせて作る業者もいて、動物虐待にあたるのではないかと社会問題化しつつあるようです。あまり話題になりすぎて過熱するのも考えものかもしれません。

山中に取り残されたコーヒー

コーヒーノキが自生する森の中で誕生したホモ・サピエンスは、その後、エチオピアからユーラシア、そして世界へと旅立ちました。今から約7万年前のことだといわれています。こうしたアフリカからの移住は何回かにわたって起きており、また最近の遺伝子研究の結果からは、辿り着いた先で、すでにアフリカから巣立っていたネアンデルタール人やデニソワ人とも一部交わりながら生まれたのが、現代に暮らす我々「現生人類」のルーツであることが明らかになりました。

これに比べて、コーヒーとして利用されるアラビカ種がエチオピアから世界に広まったのは、ずいぶん後のことです。アフリカで生まれた栽培作物は、世界に広く伝播して大きな影響を与えた「拡散型」と、限られた地域に留まった「局所型」に区分され、前者の代表としてはモロコシやシコクビエ、トウジンビエが、後者にはエチオピア高地で栽培される穀物のテフ（水と混ぜて乳酸発酵させた粉をクレープ状の薄焼きにする「インジェラ」の原料）や「偽バナナ」ことエンセーテ（葉の付け根にできるデンプン塊を食用にする）が挙げられます。

テフもエンセーテも現地では主食となる重要作物ですが、標高2000mの熱帯高地で育つ植物のため、それ以外の地域に栽培が広まらなかったのです。アラビカ種もこれらと同様、標高1000〜2000mの熱帯高地に適応した植物であり、人類の祖先がアフリカから旅立って行った後も、エチオピアの山中に取り残されたまま、現地の人々だけが知る存在になっていきました。

エチオピア独自のコーヒー文化

さて、エチオピアは別名「民族の博物館」とも呼ばれ、オロモ人(34%)、アムハラ人(27%)、ティグレ人(6%)のほか80以上もの民族から構成される多民族国家です。昔ながらの原始的な生活を送る少数民族も今なお暮らしているこの国には、じつに多種多様な文化や風習が混在しています。興味深いことに、そうした風習の中には、今日の我々のやり方とは大きく異なるコーヒーの利用法が見られます。ただ、こうした利用法には後世になって生まれたものも含まれますので、ここで少し整理しておきましょう。

【コーヒーセレモニー】

エチオピア独自の飲み方の中で、もっとも有名なのは「コーヒーセレモニー」でしょう。エチオピアやエリトリアで来客をもてなすときなどに行う、日本の茶道に似た雰囲気の儀式です。

部屋に花や青草を敷いて香を焚き、七輪にかけた鉄鍋の上で生豆を、ときおり杓でかき混ぜながら深煎りにします。煎りたての豆を客に回してその香りを楽しんでもらった後、木の臼と杵で豆を細かく潰し、ジェベナ（ジャバナ）と呼ばれるポットで煮出して、カップに注ぎ振る舞います。コーヒーを煎ったり淹れたりすることは、エチオピアでは主婦の嗜みなのだそうです。

ポップコーンなどをおやつに談笑しながら、通常3煎目まで、合計3杯飲むのが正式な作法です。生豆を煎るところから1時間半～2時間もかかる、じつにゆったりした儀式で、日本でもエチオピア料理の店で提供されたり、エチオピア関連のイベントなどで披露されたりしています（会場が火気厳禁で、豆を現場で煎れないことも多々あるようですが）。

ただし、このコーヒーセレモニーの様式は古い文献には見られず、出所がどうもはっきりしません。西南部のマジャンギル族が行う「カリオモン」という、コーヒーの葉などをお茶にして飲む風習が由来という説もありますが、実際に儀式で使われる用語にはアラビア語、ティグレ語、アムハラ語が入り交じり、器具や焙煎方法、淹れ方にはアラブの影響が色濃く見られます。

また、歴史背景からも比較的新しい時代に作られたと推定されます。エチオピアの歴史の中心は、北部～中央高地のアムハラ人やティグレ人を中心とするキリスト教徒（エチオピア正教徒）たちの国、つまりエチオピア帝国（1270～1974）で、彼らにはもともとコーヒーを飲む習慣もなければ、コーヒー生産にもあまり関わりがありませんでした。

19世紀末、エチオピア皇帝メネリク2世が、北東部のコーヒー生産地であるハラーや西南部族の国々を統合。富国強兵によるエチオピアの近代化を目指した彼はコーヒー生産を奨励し、自らも率先してコーヒーを飲んでいたと言われています。ただし国民に飲用が広まったのは1930年代で、日本でコーヒーが普及したのとほぼ同時期です。コーヒーセレモニーが世界的に広く知られるのは90年代になってからなので、20世紀生まれの伝統なのかもしれません。

【人類初の「エナジーボール」?】

日本のコーヒー本には何故かあまり見かけないのですが、欧米のコーヒー本にはしばしば、コーヒーの歴史の始まりとして「5000年以上前から、エチオピアのオロモ族（オロモ人）が戦争に赴くときにコーヒーを携帯食にしていた」という話が出てきます。煎って潰したコーヒー豆を動物の脂（バター）と混ぜて大きな団子に丸めたもので、カフェインによる興奮とバターの高いカロリーで気分がハイになって戦闘のときに大活躍したとか、あるいは人類初のコーヒーはエナジードリンクならぬこの「エナジーボール」だったなどと言われます。現在も西南部との州境付近に暮らすオロモ人の一部に「ブナ・カラー」という名前で、この風習が残っています。

その存在に初めて言及したのは、タナ湖が青ナイルの源流であることを確証した18世紀の探検家、ジェームス・ブルースでした。エチオピア内陸部を探検した彼の手記によれば、この携帯食を用いていたのは「ガラ族」だと書かれています。これはアムハラ人がオロモ人を指して呼ぶ「蛮族」という意味を含んだ蔑称で、現在はオロモ人が自らを指して呼ぶ「オロモ（力ある者）」という名前が用いられます。

オロモ人はもともとエチオピア南東部、ソマリアとの国境付近の高地をホームグラウンドとしていた半農半牧の好戦的な部族、オロモ族の子孫です。もともとは非常に古い部族ですが、16〜17世紀頃にシダモ経由でエチオピアに大規模な侵攻をかけ、その後エチオピア各地に溶け込んでいった結果、現在もっとも人口の多い部族になっています。「オロモ族のエナジーボール」はコーヒーセレモニーについで有名なエチオピア独自の利用法で、確かに面白い話なのですが、最初にコーヒーを利用したのが本当にオロモ族だったのか、5000年も前から「エナジーボール」を食べていたのか疑わしいところです。

じつはオロモ族がエチオピアに侵攻する以前からアラビア半島でコーヒーが飲まれてい

たことを示す文献がありますし、オロモ族がもともと暮らしていた南東部のソマリア国境付近の山地は、コーヒーノキの自生域から外れているからです。

オロモ族には、征服した部族を自分たちの「子供」として取り込むという風習があったため、エチオピア侵攻のときにコーヒーを利用していた部族をその風習ごと取り込んだ可能性があります。エナジーボールを最初に使っていたのは、オロモ族の中に取り込まれてしまった人々のほうだったのかもしれません。

【生活儀礼と密接に結びつく】

「コーヒーセレモニー」にせよ、「エナジーボール」にせよ、コーヒー利用の起源として広まっている説は、現代エチオピアの中心にいるアムハラ人やオロモ人に結びつけられています。しかしアラビカ種の植物学的分布を見ると、最初にコーヒーと出会ったのは彼らではなく、エチオピア西南部の少数部族たちだと考えるほうが自然です。

エチオピア西南部は現在「南部諸民族州」という行政区になっており、その名からもうかがえるように、非常に多くの部族で構成されています。それぞれの部族は独自の言語や文化を今でも受け継いでおり、コーヒーをさまざまなかたちで利用する部族が今なお多く暮らしています。

京都大の福井勝義教授らが行った現地調査によれば、エチオピアで「コーヒー」を意味する言葉は、中心部などではアラビア語からの借用語である「ブン（ブンナ／ボノ）」が主流なものの、西南部では「カリ」「ティコ」「ギア」など、部族ごとにさまざまな言葉を用いています。これは「固有語」と呼ばれるもので、じつはその多様性が、コーヒー利用の起源についての重要な手がかりを与えてくれています。

例えば、コーヒーがはじめて日本に紹介されたとき、利用法とともに「コーヒー」という「ものの名前」も一緒に伝わったように、ある「もの」を後から知った人々は、以前からそれを使っていた人々と同じ「ものの名前」を借用する傾向があります。裏を返せば、エチオピア西南部に見られる固有語の多様性は、それぞれの部族が他の部族から教えられることなく独自にコーヒーを見つけた……つまり、彼らの祖先こそが「コーヒーをはじめて利用した人々」だったという証拠の一つだと考えることができるのです。

エチオピア西南部ではコーヒーの呼び方だけでなく、その利用法もじつに多種多様です。葉や豆を飲み物にするだけではなく、薬にしたり、新鮮な果実をそのまま野菜代わりに、あるいは干した果肉をバターで炒めて食べたりもします。さらに、新しい土地に移住したときに人々の体にコーヒーを塗って身を清めたり、子供が生まれた家でコーヒーを口に含んで四方の壁に吹き付けたり、結婚を申し込むときに男性から女性の両親への贈り物にしたりと、人生にとって重要なさまざまな場面で行われる儀礼に用いています。
　こうした生活儀礼との密接な結びつきは、エチオピア西南部の人々が古くからコーヒーを利用してきた証拠だといえるでしょう。また同時に、単に食用としてではなく、特別な使い方をするということは、彼らがコーヒーに何か特別な「力」を感じていたからかもしれません。コーヒーは、果実や若葉にも若干のカフェインを含んでいます。それを食べた人々がカフェインの持つ覚醒や疲労軽減作用という「力」を知り、儀礼に使うようになったのではないでしょうか。

コーヒーブレイク

噛みコーヒー――もう一つのコーヒーのはじまり

　アラビカ種のふるさとであるエチオピアに独自のコーヒー文化があるのと同様に、ロブスタ種（カネフォーラ種）にも独自の伝統的な利用法が存在します。ビクトリア湖の西岸、タンザニア西北部のブコバと呼ばれる地方に暮らすハヤ族に見られる風習です。彼らが愛用するのはコーヒー豆ではなく、収穫した未熟な果実を薬草と一緒に茹でて天日干し、または薫製にしたもの。これは「噛みコーヒー」と呼ばれ、中の豆ごと噛み砕いておやつ代わりに食べたり、客をもてなすために振る舞ったり、贈り物にしたり……あるいは義兄弟の契りを結ぶ儀式では、互いのへそを傷つけて出した血を豆に付け（！）、互いの掌から直接口で食べたりと、エチオピア西南部に引けを取らないほど多彩で生活に密着した利用法が行われています。

この「噛みコーヒー」の最初の記録は、19世紀中頃にナイル川の源流を探索中にビクトリア湖やタンガニイカ湖を発見したイギリス人、リチャード・バートンとジョン・スピークの手記に見られます。当時ここにはカラグエという王国があり、そこではロブスタ種のコーヒーノキが重要な財産であるとともに権威の象徴でした。族長だけがコーヒー畑を所有し、人々は族長の許しを得て自分のコーヒーノキをそこに植え、噛みコーヒーを作っていたのです。

ハヤ族はカラグエの文化を今に伝える人々であり、自分たちの遠い祖先がはるか昔にエチオピアからコーヒーを持ってやってきたのだと言い伝えています。じつはカラグエは、15〜18世紀にエチオピア西南部から南下してきた、ナイル語族系の牛牧民の一族が族長を務める国でした。ビクトリア湖周辺に先住していた農耕民は、彼らから牛を貸してもらうことで大量の作物を作れるようになったため、牛という財産を持ち、それを誰にいくらで貸すかを選べた牛牧民たちが、やがて権力を得て族長の座についたのです。つまり、このコーヒー利用のルーツもエチオピア西南部だったと言えそうです。

ただし「噛む嗜好品」である点や、部族内での権威付けに利用される点は、西アフリカの重要な交易品だったコラ（コーラ）の実の使い方に似ています。ひょっとしたら祖先が持っていたエチオピア西南部でのコーヒー利用の知識と、南下時に知ったコラの実の使い方が混ざり合い、さらにビクトリア湖西部でロブスタ種のコーヒーと出会ったことで「噛みコーヒー」が生まれたのかもしれません。

なお、19世紀後半からここを植民地化したドイツやイギリスが、ハヤ族にアラビカ種を栽培させようとしたのですが、アラビカ種で作る「噛みコーヒー」は彼らの口に合わなかったらしく、植民地支配への反乱の末、ブコバ地方のハヤ族は今もロブスタ種の栽培を続けています。

2章　コーヒーはじまりの物語

人類の祖先がアフリカから旅立った後、エチオピアの山中に取り残されたコーヒーノキ。どのようにして両者が再び巡り合い、コーヒーという飲み物が生まれたのか……これまで多くの研究家がその謎に挑んできましたが、情報に欠落が多く、十分に解明されていませんでした。しかし、一見コーヒーとは無関係な、当時のエチオピア周辺の社会情勢を、過去の研究知見と重ねていくと、パズルのピースが埋まるように、エチオピアからイエメンへとコーヒーが辿った道筋が浮かび上がってきます。

この章では、この「はじまりの物語」を追ってみましょう。

エチオピア西南部への進出

エチオピア西南部の諸部族は、いつからコーヒーを利用していたのか……残念ながら、この疑問に対する直接の答えはありません。その歴史はかなり古いと思われるのですが、西南部族には文字文化がなかったため、彼ら自身が遺した史料が存在しないのです。エチオピア西南部について辿れるもっとも古い記録は、キリスト教徒やイスラーム教徒らが遺した史料で、彼らが西南部に進出し、そこでコーヒーを利用していた諸部族と出会ったのは、どちらもおそらく9世紀頃と考えられます。

【キリスト教徒と西南部族】

エチオピアのキリスト教徒らの間には「エチオピア版古事記」とでも言うべき、「ケブラ・ナガスト」という1270年頃に編纂された書物が伝わっています。この歴史書は、紀元前10世紀、旧約聖書に出てくるソロモン王とシバの女王の間に生まれた子供が、エチオピアに渡って建国したという伝説から始まります。これはあくまで伝説なので、本当に3000年の歴史があるかどうかは不明ですが、少なくとも今から2000年前の1世紀頃には、紅海を臨むエチオピア北部の高地に、アクスムという王国が存在していました。

この国がキリスト教国化したのが4世紀頃と言われています。当時から紅海はペルシア湾と並んで、アジアとヨーロッパを結ぶ「海のシルクロード」の要衝であり、その紅海の玄関口を支配するアクスム王国は交易で大いに発展しました。

7世紀にはアラビア半島でイスラーム教が興りますが、615年に預言者ムハンマドの最初の信徒たちがマッカ（メッカ）で迫害されたとき、逃れてきた彼らを匿い庇護したため、アクスム王国はキリスト教国家ながらイスラーム教徒らとも友好関係にありました。

しかし9世紀頃にイスラーム商人の勢力が紅海沿岸部で強まると、アクスム王国はそれに押されて高地づたいに内陸部へと南下しはじめ、先住部族たちが暮らす西南部へと侵攻していきました。9世紀末～10世紀初めには、アクスム王デグナ・ジャンが西南部のエナリアまで遠征してたくさんの黄金を見つけ、また大勢の原住民を奴隷として捕らえて凱旋したと伝えられています。

エナリアは20世紀初頭には、エチオピアを代表するコーヒーの産地であり、これが西南部のコーヒー自生地に関するもっとも古い記録の一つだといえます。

【イスラーム教徒と西南部族】

一方、イスラーム教徒との関係はどうだったのでしょうか。634〜644年頃、預言者ムハンマドの出身氏族・クライシュ族族長の子息の一人が、配下を率いてマッカから紅海沿岸のゼイラに渡ったのが、イスラーム教徒がエチオピアに向かった最初の記録です。

侵攻と略奪が目的だったキリスト教徒とは異なり、彼らの主な目的は「商売」のほうにありました。エチオピアに渡った人々も最初は隊商として、後には現地の族長の許しを得て定住しながら内陸部に進出し、キリスト教徒と同じく9世紀には西南部に辿り着いたようです。

定住したイスラーム商人たちはやがて現地で同胞を増やしながら権力を得ていき、896年には西南部に近接するショア（現在のアジスアベバ近辺）に、エチオピア内陸部で最初のイスラーム国家「ショア・スルタン国」が生まれたと言われています。

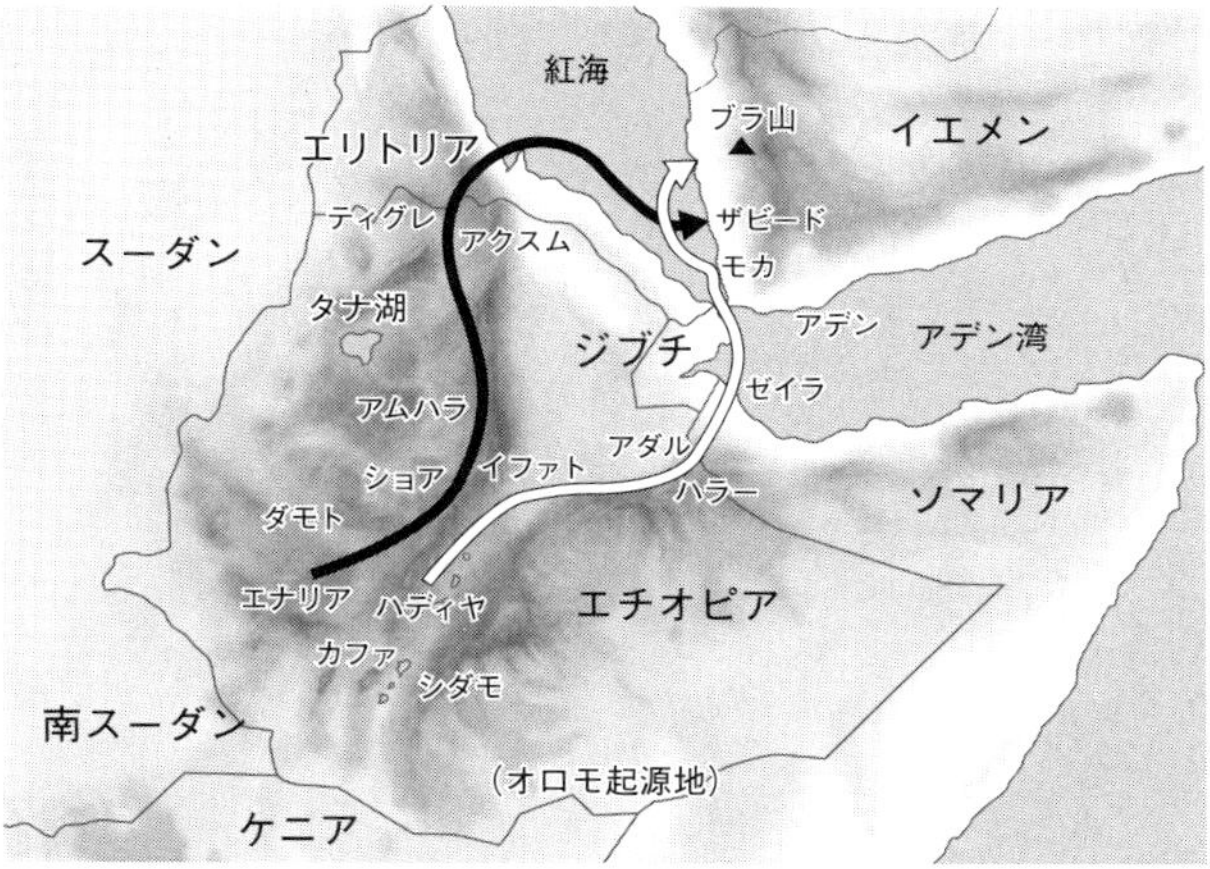

エチオピアからのコーヒー伝播（仮説）

こうして9世紀頃に、キリスト教徒やイスラーム商人たちの手によって、エチオピア西南部へのルートが開拓されました。ただし当時の西南部との交易記録にはコーヒーのことは一切でてきません。この当時、エチオピアからの最大の輸出品は「奴隷」であり、その多くがアラビア半島向けに輸出されていきました。

なかでもアラビア半島南端のイエメンでは、当時のズィヤード朝（819〜1018）の首都ザビードに城塞を建設するために多くの奴隷が買い求められ、その数たるや、11世紀には彼らの子孫を含めたエチオピア系住民がアラブ人を上回るほど。ズィヤード朝が内紛で滅びた後にはエチオピア系住民が中心になって世界初のアフリカ系イスラーム王朝、ナジャーフ朝（１０２１〜１１５８）を興した記録も残っています。

『医学典範』にも収載

これだけ多くのエチオピア人がイエメンに渡ったものの、奴隷として強制連行されたためか、残念ながら彼らがコーヒーを伝えたことを示す確かな記録はありません。しかし興味深いことに、この時代以降、当時「世界の学問の中心」であったペルシアの医学書の中に、コーヒーのことだと思われる生薬についての記載が見られるようになります。

9世紀後半から10世紀の初め頃、テヘラン近郊のレイという街に一人の学者がいました。その名をアル＝ラーズィー。ヨーロッパでは後世「ラーゼス」という名で知られた、高名な哲学者にして錬金術師、医学者です。９２５年に亡くなった後、彼の著述は弟子達によって『医学集成』という本にまとめられました。

この本は残念ながら現存しませんが、過去の研究者によれば、この中に「ブン／ブンカ」という名の、植物の果実や種子を煮出して作る「くすり」が登場するそうです。「ブン」というのは、15世紀以降のアラビア語でコーヒーの果実やコーヒー豆を意味する言葉なので、この『医学集成』がコーヒーについて書かれた最古の文献だと言われています。

またアル＝ラーズィーの約１００年後のペルシアで、もう一人の偉大な学者が活躍しました。彼の名はイブン・スィーナー。ヨーロッパでは「アヴィセンナ」の名で知られています。彼が１０２０年に書いた『医学典範』は、後にラテン語に翻訳され、13世紀以降の西洋医学にも大きな影響を与えた大著です。この本の「くすり」の解説中に「ブンクム／ブンコ」という、イエメンから送られてくる植物生薬が収載されています。これらも「ブン」と同義の言葉で、コーヒー豆のことだと考えられます。

アル＝ラーズィーの「ブン」とイブン・スィーナーの「ブンクム」。10～11世紀に書かれたこの2つの記録がコーヒーに関係する最初期の史料です。別の植物の根だという異論もあって、はっきりしたことは言えないのが正直なところです。しかし2つの文献に現れた時期が、エチオピア西南部の人々が奴隷として連れてこられた時期や、イエメンで彼らの数が増えた時期と重なることは、この時代のアラビア半島にコーヒーが伝わっていた可能性を示唆する根拠の一つになるでしょう。

また最近になって、この仮説を補強するもう一つの証拠が見つかっています。１９９６年、ドバイの北東に位置するクシュという遺跡で、１１００年頃に中国やイエメンで作られていた陶片と一緒に、炭化したコーヒー豆が2粒、出土したのです。この豆は後から紛れ込んだものではなく、この時代に炭化したものだと推定されていますが、偶然火の中に落ちたものか、人為的に焙煎されたものかはわかっていません。

結論を出すにはさらなる分析が必要なものの、アラビア半島で紅海の反対側に位置するペルシア湾側の遺跡から発掘されたこのコーヒー豆は、当時のコーヒー利用の広がりを知る重要な手がかりになるかもしれません。

４００年の空白期間

10〜11世紀になってやっと姿を現したと思ったのも束の間、コーヒーに関する記述は、どういうわけか、その後４００年以上にわたって文献から消えてしまいます。その次にコーヒーが姿を現すのは、15世紀のイエメンです。この空白期間にいったい何があったのか……その手がかりを得るために、少し視点を変えて、コーヒーとは直接の関係はないのですが、イエメンの歴史の流れを辿ってみたいと思います。

イエメンでは、１０２１年にザビードを首都とするナジャーフ朝（１０２１〜１１５８）が成立しました。その中心になったエチオピア系住民は、人数こそ多かったものの、身分の低い奴隷出身で、イスラームに関する知識や教養を持たない者が大半でした。ところがイスラーム世界では、本来、優れた宗教指導者がイスラームの教えにしたがって国を治め、人々を導くという考えが根幹にあります。

このためナジャーフ朝に従わない部族も多く、彼らによって小さな王朝がいくつも勃興し、争いを繰り広げました。この戦乱は、１１７４年にエジプトのアイユーブ朝がイエメンに侵攻して、ザイド派（シーア派の一派）のラシード朝（８９３〜１９６２）が治める北イエメンを除く、スンニ派勢力の強い南部と沿岸部一帯を統一するまで続きます。

その後、アイユーブ朝が第６回十字軍（１２２８〜１２２９）への対応に忙殺されている隙をつき、アッバース朝ペルシアから派遣されていた伝令官の子孫にあたるラスール家のマンスール・ウマルがイエメン独立を企てます。イエメンで起きた別部族の反乱に乗じて、彼が興したのがラスール朝（１２２９〜１４５４）です。ラスール朝下のイエメンは、アデンを交易港、ザビードを学術宗教都市として、安定した繁栄の時代を迎えます。

さて、ナジャーフ朝の滅亡後も、ザビードには多数のエチオピア系住民が暮らしており、「アビード」と呼ばれる一大勢力を形成していました。しかし、ラスール朝の時代になると、いくつものモスクや学校《マドラサ》がザビードに建設されて、大勢の学者が集められました。ラスール家の王族たちは、イスラーム正統派の神学者や法学者たちを味方につけ、自分たちの支配体制が（イスラームの教義に照らして）正当だと主張する後ろ盾にしたのです。

こうしてラスール朝では学識ある人々が厚遇される一方、アビードたちは社会的に低い立場に追いやられていきました。

もしかしたら、このことが「コーヒーの空白期間」に関係しているのかもしれません。コーヒー（ブンやブンクム）は身分の低いアビードたちが、未開地の山奥から持ってきたものだという理由で、ザビードの学者たちから卑俗なものと見なされ、軽視されていったのではないでしょうか。実際、ラスール家の国王の一人が著した農学書にも、コーヒーのことは書かれていないようです。

『東方見聞録』が語るエチオピア情勢

ラスール朝末期、アル＝ラーズィーから400年の時を経て、イエメンに再びコーヒーが姿を現します。この時代に、改めてエチオピアからイエメンにコーヒーが伝来したともいわれており、どうやらエチオピアにも手がかりがあるようです。少し時間を遡って、今度はエチオピアの歴史の流れを駆け足で辿ってみましょう。

エチオピア高地のキリスト教国家アクスム王国は、9世紀頃からの強引な南征がたたって、11世紀頃に西南部族の反撃を受け弱体化していました。その後12世紀頃に、臣従していたアガウ族の将軍が王家を乗っ取り、新たにザグウェ朝を名乗ります。こうして1000年以上続いたアクスム王国の歴史は幕を閉じました。

しかし1270年に、アクスム王家の最後の生き残りであるイクノ・アムラクがショア地方で蜂起します。近隣のイスラーム教徒などからも力を借り、ザグウェ朝を滅ぼすことに成功した彼は、ショア地方にアムハラ族のキリスト教徒を中心とする国を再建しました。これが1975年まで続くキリスト教（エチオピア正教）国家、ソロモン朝エチオピア帝国の始まりになります。

一方、エチオピアの紅海沿岸部（エリトリア、ジブチ、ソマリア）は、当時「アジャムの地（バール・アル・アジャム）」と呼ばれ、たびたびマッカからクライシュ族の子息が渡来し、イスラーム指導者として現地の部族をまとめては、新たな氏族や街を興しました。10世紀に渡来したソマリア最大の氏族ダロッドの父祖であるシャイフ・ダルードや、1216年にエチオピア北東部の山地ハラーを制圧してシークハール氏族（シャイフの一族の意）の父祖となった「ハラーの守護聖人」フィキ・オマール（神学者オマール）が、その代表です。

また1185年には、クライシュ族のウマル・ワラシュマが一族を率いてゼイラに渡ってスルタン（国王）を名乗り、そこからエチオピア高地への入り口に位置するイファトまでの一帯（ジャバルタ）を掌握して、イファト・スルタン国を興しました。彼らは1285年、エチオピア帝国と友好関係にあったショア・スルタン国を滅ぼしてエチオピア高地に進出しますが、これによりキリスト教徒らと敵対することになります。

この頃のエチオピアのキリスト教徒とイスラーム教徒の対立を決定的にした一つの事件

が、あのマルコ・ポーロの『東方見聞録』にも書かれています。

エチオピア帝国の第2代皇帝ソロモン1世（在位1285〜1294）は聖地エルサレムに巡礼したいと考えましたが、それには敵対するイスラームの領土を通らねばならないことから臣下らに反対され、1288年に1人の司祭を自分の名代として送り出しました。司祭は無事エルサレムに辿り着き、その立派な立ち居振る舞いに聖地の人々は大いに感心したそうです。

しかしその帰り道、ハラーにあるアダルの街（原文ではアデンと誤認されている）でイスラーム教徒らに捕らえられてしまいます。司祭は改宗を迫られますが頑として応じなかったため、街の人々は異教徒の手で割礼するという辱めを与えた後で彼を解放しました。これに激怒したソロモン1世はアダルに攻め入り、雪辱を果たして凱旋した……これがこの事件の顛末です。

十字架のしもべ、アムダ・セヨン

この事件以降、ソロモン朝エチオピア帝国は異教徒に対して強硬路線を貫きますが、なかでも勇猛果敢で名を馳せたのが、ソロモン1世の甥にあたる第9代皇帝アムダ・セヨン1世。歴代エチオピア皇帝の中でも一、二を争う「英雄」です。

1314年に即位した彼は、自らを「十字架のしもべ（ゲブレ・マスケル）」と号し、異教徒たちとの戦いに明け暮れます。その緒戦は1316年の西南部ダモトへの侵攻でした。そこで彼は異教徒である先住民の大半を捕らえて奴隷にし、残った少数の者だけが他の地に逃れたと伝えられています。

次に彼は、イスラーム商人との奴隷売買で栄えていたハディヤの村に目をつけ、そこを治めていた先住民の王、アメロ王にソロモン朝への臣従を迫りました。ところが、ベルアムという名の予言者がアメロ王に「戦えば勝てる」と進言し、それを信じた王は臣従を拒絶。怒ったアムダ・セヨンは王をはじめ、住民の大部分を虐殺してしまいます。生き残った者もほとんどが捕らえられて奴隷にされ、予言者ベルアムを含むわずかな人々だけがイファトへと逃げ延びました。

その後、アムダ・セヨンは一旦エチオピア北部の討伐に向かいますが、1320年頃、カイロに送っていた使節が、帰国の途中でイファト・スルタン国に囚われたことに腹を立て、その報復としてイファトを襲撃。その後1328年にイファト、1332年にはアダル、ゼイラを攻め落として全域を制圧し、ワラシュマ家を傀儡《かいらい》にしてイファト・スルタン国を属国化します。

こうしてアムダ・セヨンは、即位してから1344年に亡くなるまでの30年間、北に南に飛び回り、帝国の版図を拡大しました。1ヵ所に留まることなく、自ら軍を率いて戦いつづけたその生涯は、後の歴史学者に「ソロモン朝は首都を持たない国家だ」と言われるほどでした。

一方、ワラシュマ家の人々は、その後何代にもわたってソロモン朝への反逆を企てましたが、全て失敗に終わります。そして1410年にワラシュマ家の最後のスルタン、サアダッディーン2世が反乱に失敗し、敗走先のゼイラで殺されたことで、イファト・スルタン国は滅亡しました。このとき彼の10人の子供がイエメンに逃れ、その1人が後に戻ってアダル・スルタン国（1415〜1577）の祖となりました。

さて、コーヒーとは一見関係のない歴史が続きましたが、じつはこの中に、コーヒーの起源を考える上での重要なヒントが隠れています。

それは、14〜15世紀にかけて、エチオピア西南部からイファトを経て、紅海沿岸部、イエメンへと至る比較的大きな人々の移動が起きたということです。そして、この動きの後、15世紀のイエメンにコーヒーが姿を現します。

果たしてこれは単なる偶然の一致なのでしょうか？

鍵を握るハラー

このとき紛争から逃げ延びた人々がコーヒーの伝播に関わっていたかどうかを直接示す史料はありません。しかし、現在のエチオピアにおけるコーヒーノキの植物学的分布から一つの手がかりが得られます。その鍵を握るのがハラーのコーヒーです。

ハラーはエチオピアを代表するコーヒー産地の一つでありながら、例外的な特徴の多い、異彩を放つ地域です。エチオピアの主なコーヒー産地は西南部に集中しており、ハラーだけが東部にあって紅海沿岸に位置しています。また西南部では（近年では近代的なコーヒー栽培を行う地域も増えましたが）森に自生する樹からコーヒーの実を採集するのが一般的なのに対し、ハラーは「コーヒー栽培がはじまった地」と言われ、古くから人為的な栽培が行われてきました。

ヨーロッパ人で初めてケニア山やキリマンジャロを見たドイツ人宣教師、ヨハン・クラプフは、１８６０年の著書で「５００年ほど前に、エチオピアの奥地からハラーの山地までジャコウネコによってコーヒー豆が運ばれてきたのがコーヒー栽培の始まり」というアラブ人たちの言い伝えを紹介しており、この伝説に従うなら、その始まりは14世紀頃ということになります。

それほど古い産地でありながら、ハラーのコーヒーが有名になったのは20世紀初頭。エチオピア帝国が積極的にコーヒーを輸出するようになってからです。それまでエチオピアのコーヒーはイエメンに集められ、すべて同じ「モカ」の名で輸出されていました。現在も「イエメンモカ」「エチオピアモカ」「モカ・ハラー」などの銘柄を見かけるのは、こうした歴史が背景にあります。

その後、1950年代に欧米のコーヒーノキ調査チームが西南部を探索して多数のエチオピア野生種を発見し、その中にハラーのものとよく似た特徴を持つ1本のコーヒーノキを見いだしました。この野生種は、採取された村の北にある大きな町の名から「ウォルキッテ」と名付けられ、ハラーで栽培されたコーヒーの直接の祖先だと推定されていますが……じつは、この樹の発見場所から南東60kmほどの地点に、アムダ・セヨンによる住民虐殺が起きた、あのハディヤの村があるのです。

こうして歴史的な人の動きと植物学的分布の両方から、14世紀に起きたエチオピア西南部での衝突によってハディヤから紅海沿岸部へと逃げ延びた人々が、コーヒーノキが生育可能な高地ハラーで栽培をはじめたという可能性が浮かび上がってきます。運んだのがジャコウネコか人間かという違いはあれど、アラブ人の言い伝えともかなりの点で符合しているように思われます。

なお、現在のイエメンのコーヒーは4種類に大別され、ザビードの北にあるブラ山周辺の品種（ブラーイ）が細長い豆で、ハラーに由来する品種だと言われています。残る3種類は丸みを帯びた豆で、うち2つ（ウダイニ、ダワイリ）はエチオピア西南部のエナリア付近にそれぞれ似た特徴の野生種が存在し、1つ（トゥファーイ）はそのどちらかが突然変異したもののようです。

これらの品種の特徴から、コーヒーノキは1回だけでなくおそらく数回、紅海を渡ってエチオピアからイエメンにもたらされたと考えられます。もしかしたら、9〜10世紀にアクスム王国に捕らえられたエナリアの人々が伝えたコーヒーノキの子孫が、丸い豆をつけるウダイニやダワイリ、そして14世紀にハディヤ近郊からハラーを経てイエメンに渡ったものの子孫が、細長い豆をつけるブラーイなのかもしれません。

イエメンのカフワ

さて15世紀になると、いよいよコーヒーが表舞台に姿を現します。それがイエメンで広まった「カフワ」という飲み物です。当時の直接の記録は残っていませんが、16世紀エジプトのイスラーム法学者、アブドゥル＝カーディルが『コーヒーの合法性の擁護』という著書の中でコーヒーの起源を丹念に辿り、15世紀イエメンに関する文献からの引用や、実際に現地で飲まれているのを目撃した長老の証言を記しています。

私がアデンの町にいたとき、何人かの貧しいスーフィーがやってきてコーヒーを作り、飲んでいた。そして彼らは、アデン一の法学者で学識者、法律家のムハンマド・バーファドル・アルハドゥラミーそしてムハンマド・アルザブハーニーのためにもコーヒーを作った。彼ら二人が仲間の人々とコーヒーを飲んだことは、人々にとって見習うべきお手本となったのだ。

（ハトックス『コーヒーとコーヒーハウス』斎藤・田村訳、22〜23頁）

カフワは14〜15世紀にエチオピアの紅海沿岸部からイエメンに伝来しましたが、元々はコーヒー以外の材料から作られていました。序章でも触れましたが、エチオピアでは、イスラーム教で御法度の白ワインを含め、いろいろな飲み物が「カフワ」と呼ばれていたようです。イエメンに最初に伝わったカフワも、コーヒーではなく、ハラー原産のカート（チャット）という植物の葉から作るお茶だったと言われています。

そしてその後、15世紀にイエメンのアデンで、コーヒーから作るカフワが発明されました。ちょっとややこしいですが「コーヒーノキとカフワはどちらもエチオピア発祥だが、『コーヒーのカフワ』はイエメン発祥」ということです。

イエメンにカフワを伝えたと言われているのは、シャーズィリー教団のスーフィー（「コーヒーブレイク」次頁参照)、アリー・イブン・ウマル・アッ＝シャーズィリー(1418頃没)です。彼は当初イファトで活動しており、そこでスルタン、サアダッディーン2世に気に入られて彼の娘を娶《めと》った後、当時はまだ貧村だったモカに移住して人々を教導しました。

このため「モカの守護聖人」また「コーヒー農家・喫茶店主・コーヒーを飲む人の守護聖人」として讃えられ、教団活動が盛んだったアルジェリアでは彼にちなんでコーヒーを「シャーズィリーヤ」とも呼ぶそうです。なお、よく混同されますが、この教団の開祖アブール・ハサン・アッ＝シャーズィリー(1258没)とは別人です。

モカへの移住後も彼とイファトの間では交流があり、ときどき王から娘宛てに贈り物が届けられていたようです。またイファト滅亡の際には、サアダッディーン2世の10人の子供がイエメンに逃れた記録が残っています(カフワは、こうした人や物の行き来の中で伝わったのかもしれません)。

彼が広めたカートの葉には「カチノン」という、覚醒剤(アンフェタミン)と似た成分が含まれており、覚醒作用や食欲抑制、多幸感、陶酔感をもたらします。しかし生のカート葉は保存が利かず、鮮度が落ちると効き目がなくなってしまうという欠点がありました。これが「コーヒーのカフワ」が生まれるきっかけになったのです。

コーヒーブレイク

儀式にカフワを取り入れたスーフィーたち

カフワの普及に大きく関わったのが、「スーフィー」と呼ばれるイスラーム神秘主義者たちの一派です。イスラーム教には本来、神官や僧侶のような職業としての聖職者は存在せず、万人が俗世の生活の中で信仰するという考えを採っていますが、8世紀頃に俗世を捨てて、粗末な毛布（スーフ）だけをまとって生活する初期のスーフィーが現れました。

彼らは禁欲と清貧を実践し、厳しい修行で自分を追いつめながら祈りに没頭することで「忘我の境地」に至り、自分の内なる神（アッラー）の精神に触れようとしたのです。イスラーム教ではスンニ派、シーア派などの宗派が有名ですが、スーフィーかどうかは宗派とは異なる分け方なので、いろいろな宗派に存在します。

9～10世紀頃に、イスラームの正統派の学者たちが、王朝の「おかかえ」として官僚化していったのに対して、スーフィーたちは彼らの形式主義や政治腐敗を非難した「反権力主義者」たちでもありました。12～13世紀には、偉大な導師を中心とする教団がいくつも形成されて、彼らの思想（スーフィズム）が広がりを見せ、やがてそれがある種の「聖者信仰」の形になって、民衆に浸透していきます。エチオピアの紅海沿岸部でも13世紀頃から、カーディリー教団や、シャーズィリー教団などが勢力を伸ばしました。

ラスール朝下のイエメンでは、正統派の学者たちの勢力が強く、他の地域に比べてスーフィズムの普及は遅れました。しかし、14世紀末にザビードが北イエメン・ラシード朝の軍勢に包囲されたとき、イスマイル・アル＝ジャバルティーというエチオピア沿岸部出身のカーディリー派のスーフィーが、敵の撤退を予言して住民を鼓舞し、勝利へと導いたことで、スルタンと民衆の信頼を勝ち取り、熱狂的なスーフィズムの流行が起こります。ただしその一方、スーフィーの重用が学識者軽視につながり、為政者であるスルタンの専横が目立つようになって、例えばアデンの商人に重税をかけて交易を衰退させるなどの失策を重ねた結果、ラスール朝滅亡（1454）を招く一因になりました。

スーフィーたちは修行のために独特な儀式を行うことでも知られています。イスラーム教徒の間ではズィクル（唱念）という、神の名を唱える行為が奨励されていますが、スーフィーたちは木曜や日曜の夜に集会場に集まり、一晩中皆で唱えつづけるという、独特なズィクルを行います。徹夜で同じ文言を唱えつづけ、一種のトランス状態になることで神の精神に近づけるとの考えから生まれた儀式のようです。

彼らの儀式には異端すれすれのものがあり、例えばイスラーム教では娯楽のための音楽や舞踏は禁忌ですが、一部のスーフィーは「サマー」という楽器を奏でて歌い踊る儀式を行います。また、アヘンや大麻、タバコなどのドラッグを儀式に使うスーフィー教団もあり、正統派の学者から非難されることもありました。こうした中でエチオピアやイエメンのスーフィーたちがズィクルの儀式に取り入れた飲み物が「カフワ」だったのです。

カフワからコーヒーへ

カートのカフワは、15世紀の初めにモカからイエメン各地のスーフィーたちに広まります。コーヒーと同じような高地でしか育たず、鮮度が重要なカートを、人々はイエメンの山中で栽培していましたが、港町のアデンは山から遠く、新鮮なカートを手に入れることができません。そこでアデンのスーフィーたちはカートに代わるものがないかと、一人のスーフィーの導師に相談しました。それが先ほどの引用文に出てきた2人の法学者の一人、ムハンマド・ジャマールッディーン・アッ＝ザブハーニー（＝ムハンマド・アルザブハーニー）です。欧米では「ゲマルディン」の名でも知られていますが、本書では以下「ザブハーニー」と呼ぶことにしましょう。

当時の首都、タイッズ（モカから東北東に約90km）の南に位置するザブハーンという村に生まれた彼は、若い頃には勉学に勤しみ、一時期を紅海対岸の「アジャムの地」で過ごした後、アデンに戻って「ムフティー」という要職につきました。

ムフティーとは、その土地のイスラーム法学者のトップに立つ人物で、イスラーム法に精通し、かつ公正な判断が出来ると社会的に信頼されている人だけに許される役職です。ムフティーが公に出す見解は「ファトワ」と呼ばれ、その内容が神の法に照らして正しいと認めたことを意味します。新しい法令も訴訟の判決も、ムフティーのお墨付きがあってはじめて「合法」だと見なされるという重要人物です。

いかにも正統派の学者らしきムフティーという立場に、反権力主義者の多いスーフィーが就いたというのは、不思議な感じがします。ザブハーニーがアデンのムフティーになった詳しい経緯や正確な時期は不明ですが、彼は「若い頃に勉強した」学識ある人物で、ある史料によれば、彼はイエメンにスーフィズムを広めたイスマイル・アル゠ジャバルティーの弟子の一人だったようです。ラスール朝では、14世紀末〜15世紀前半に彼らスーフィーの一派が権力の座に就いていたため、その時期の出来事だったのかもしれません。

人々の相談を受けたザブハーニーは、アジャムの地の人々がいろいろなものからカフワを作って飲んでいたことや、コーヒーの赤い果実を食べていたことを思い出しました。また彼はアデンで病気にかかったとき、薬にしてコーヒーを取り寄せて使った経験があったようで、身をもってその覚醒作用を知っていたと思われます。

その効果は実体験済み。何より果実を干して乾かせば保存が利き、山から運んでくるのも可能です。そこで彼は「コーヒーの果実や種子にもカートと同じような働きがあるから、それでカフワを作ればいい」という考えに至ったのです。

実際にザブハーニーが人々の集まる公共の場でコーヒーのカフワを飲んでいたことにつ

いては、引用した「目撃証言」が残っています。ムフティーという誰からも信頼される立場の人物が公然と飲んでいるのですから、他の住民たちも安心して同じものを飲んだことでしょう。

彼はさらにアデンのムフティーとして、カフワはイスラーム法に照らして合法だという法的見解文書（ファトワ）を公表しています。ときどき誤解されますが、これで全面的にコーヒーがイスラーム教で合法になったという意味ではありません。これはいわば「アデン地方裁判所でコーヒーに無罪判決が出た」程度の位置づけで、後にカイロやイスタンブル（コンスタンティノープル）で一転、「有罪」になったこともあります。ただし、これが「コーヒーのカフワ」に関する、最初の公式な「判例」であることは間違いありません。

ブンのカフワとキシルのカフワ

この頃の「コーヒーのカフワ」には2種類あり、どちらも現在のコーヒーとは異なりました。イエメンで行われている乾式精製（20頁）では、果実を乾かした後、パーチメントと果肉がくっついて一つの「殻」のようになりますが、一つはその殻の部分だけを煮出すもので、もう一つはコーヒー豆の入ったままの果実を丸ごと炙ってから煮出すものです。

前者は「キシル（＝殻）のカフワ」で「キシリーヤ」、後者は「ブン（＝コーヒーの果実）

のカフワ」で「ブンニーヤ」とも呼ばれます。私たちが飲んでいる「豆だけを煎って作るコーヒー」は、この時代の記録にはありません。しかし、イエメンのカフワが世界に広まる過程で、キシルは姿を消してブンだけになり、ブンのカフワが豆の部分だけを使う現在のコーヒーに姿を変えたので「カフワがコーヒーの起源」ということは間違いありません。

イエメンには、今でも「キシルのカフワ」と「ブンのカフワ」の両方が残っています。ただし、現代の「ブン」は豆だけで作るアラビア式のコーヒーで、古い記録のものとは異なります。キシルはカルダモンなどのスパイスや砂糖と一緒に煮出して飲むのが一般的で、ブンに比べて値段も安く、イエメン人にはこっちが人気のようです。

現在はイエメンの政情悪化で渡航は困難ですが、現地とつながりがある日本の商社などを介して、モカにこだわりを持つ一部の自家焙煎店に、ときどき少量だけ入荷することがあります。私も以前、福岡の自家焙煎店「珈琲美美《びみ》」で、今は亡きマスターの森光宗男氏に飲ませていただいたほか、何度か飲んだことがあります。

果肉の部分を使うためか、ほのかに甘く、カルダモンなどのスパイスの香りも加わって、どことなく葛根湯《かっこんとう》か何かのように「何種類もの生薬を煮出して飲む」漢方薬を思わせる、独特な風味の飲み物でした。

また最近は、水洗式精製の途中で除去される、果肉の部分を乾燥させた「カスカラ」というものが中南米で売られており、お茶のように煮出して飲むとキシルと似た風味があって、入手が比較的容易です。キシルもカスカラも、現在の我々が知るコーヒーとはかなり異なる飲み物ですが、コーヒーに興味があるなら、「話のタネ」としてだけでも十分に飲む価値はあると思います。

どちらも機会があったら、ぜひ一度飲んでみてください。

3章　イスラーム世界からヨーロッパへ

15世紀のアデンで発明された「コーヒーのカフワ」。スーフィーたちが勤行のために編み出したこの飲み物は、ほどなく彼ら以外の目にも留まるようになり、次第にその飲用が広がっていきます。あるときは戦争の戦利品として、あるときは目端の利く商人の金儲けのタネとして、またあるときは外交官の手土産として、イスラーム圏を経てヨーロッパにまで伝わり、世界的な嗜好飲料になっていきます。

この章では、コーヒー飲用の伝播の軌跡を辿ってみましょう。

コーヒー専門店の誕生

ザブハーニーが発明したコーヒーのカフワは、カートと違って長期間の輸送や保存にも耐えることから、ほどなくイエメン全土に知れ渡り、イスラーム圏の他地域にも広がっていきました。１４７０～１４９５年には、イスラームの聖地マッカやマディーナ（メディナ）のイエメン人居住区でコーヒーのカフワが飲まれるようになり、彼らと交流のある街の人々へと広まっていきました。

スーフィーがズィクルの眠気覚ましに飲むだけでなく、イスラームの学校《マドラサ》の学者や学生、一般市民も学業や仕事が捗《はかど》るように、あるいは単に嗜好品としてコーヒーを利用するようになり、１５００年頃には「カフェハネ（コーヒーハウスの意）」、つまりコーヒーを飲むための専門店がマッカで生まれたと言われています。アルコール禁止のイスラーム社会において、カフェハネはコーヒーを飲むのと同時に市民交流の場として発展します。

なおカフェハネは基本的には男性の集まる場所であり、この当時の女性同士の交流の場は公衆浴場《ハンマーム》だったそうです。この「アルコール禁止・男性だけ」というルールは、カフェハネをモデルにした、イギリスのコーヒーハウス（92頁）にも踏襲されています。

1510年頃には当時のイスラームの超大国、エジプト・マムルーク朝の首都カイロにもコーヒーが伝わりました。カイロでも最初はアラビア半島出身者居住区内のイエメン人のコミュニティで飲まれていましたが、すぐに街の人々に広まり、数多くのカフェハネが生まれています。

オスマン帝国への伝播

当時のイスラームのもう一つの超大国、オスマン帝国にも16世紀に伝わりました。レヴァント（シリア周辺）には16世紀初頭に伝わりましたが、首都イスタンブルには、1517年にオスマン皇帝セリム1世がカイロに侵攻してマムルーク朝を滅ぼしたとき、直接持ち帰ったと伝えられています。ただしイスタンブルの庶民に普及したのはもう少し遅く、16世紀の半ばです。

このマムルーク朝とオスマン帝国の戦争は、当時唯一のコーヒー産地、イエメンにも大きな影響を及ぼしました。じつは歴史の皮肉というか、この戦争の少し前に、ポルトガルとの海戦のために派遣されていたエジプト・マムルーク朝の海軍が、イエメンの港で補給が受けられなかったことに腹を立てて略奪を行い、その勢いのままイエメン・ターヒル朝(1454〜1517)を侵攻していたのです。

この頃のイエメンにはまだ銃がなく、圧倒的戦力のエジプト軍との戦いでターヒル朝は王を喪《うしな》い、滅亡します。ところがそのたった12日後、今度はマムルーク朝がセリム1世に敗れて滅亡してしまったのです。エジプト軍の将軍たちは勝利の喜びにひたる間もなく、あわててオスマン帝国に臣従の意を示して、イエメンに駐留することになりました。

こうして1517年にイエメンの大部分(アデンとラシード朝北イエメンを除く)は、旧マムルーク朝の士官が治めるオスマン帝国の属領になりました。ターヒル朝の残党はアデンに逃れて戦いつづけましたが、1538年、インド洋に向かう途中で立ち寄ったオスマン帝国直属の海軍によって完全に滅ぼされます。このときついでに旧マムルーク勢も追い出されて、イエメンは北部を除いてオスマン帝国の直轄地になりました。

このオスマン帝国による直轄支配が、コーヒーの普及に拍車をかけることになります。この頃すでにコーヒーは多くのイスラーム教徒に愛飲され、イエメンの重要な特産品になっていました。これに目をつけたオスマン帝国はイエメンの住民に対して、1544年頃から彼らが地元で消費するカートの栽培を制限し、代わりに外貨獲得に役立つコーヒーノキの栽培を奨励します。

収穫されたコーヒーの果実はブンやキシルとして、ザビード北方の内陸部にあるバイト・アル・ファキーフという地区や、モカやアデンの港で取引されていました。当時はバイト・アル・ファキーフが最大の市場で、そこに各地から商人が訪れて、マッカ近郊の港町ジェッダからカイロやレヴァント、イスタンブルへと、あるいは陸路でバグダードへと、イスラーム世界中に運んで行きました。

オスマン帝国の首都イスタンブルでコーヒーが本格的に普及したのは、1554年に2人のシリア人、ハキムとシャムスがカフェハネを開いたのがきっかけだと言われています。じつはその背景にもスーフィーたちが絡んでいます。

16世紀半ばにオスマン帝国が全盛期を迎える陰で、身分や社会制度への不満から来る厭世観や、政治腐敗による退廃感から人々がスーフィズムに傾倒し、それに付き物であるコーヒーやカフェハネが流行していったのです。円筒形の手回し式焙煎機やコーヒーミルなどのコーヒー専用器具も、この時代のイスタンブルで考案されたと言われており、その後のコーヒー文化や技術の発展に大きな影響を与えました。

コーヒー反対運動の理由

こうして見ると順風満帆だったかのようなコーヒーの普及ですが、それほどすんなりと受け入れられたわけではありません。もともとアルコールや豚肉など飲食にまつわる宗教的タブーが多いイスラーム教で、コーヒー飲用の是非が問われたのは当然のことでした。

1511年にマッカの市場監察官ハイール・ベグ（カイル・ベイ）がコーヒーの販売や飲用を禁止した、いわゆる「マッカ事件」を皮切りに、1534年カイロの反対派によるカフェハネ襲撃、イスタンブルでも正統派の学者らがカフェやコーヒーを批判し、為政者によるコーヒー禁止令やカフェ閉鎖命令も各地でたびたび出ています。

どの禁止令も長続きせず、すぐに解除されるか形骸化したものの、コーヒーの歴史全体を見渡しても、これほどいざこざが多かった時代は他にないでしょう。

当時から現在に至るまで、コーヒー反対運動の表向きの理由は、①宗教上の戒律に触れる、②人体に有害である、③カフェハネなどにおける風紀の乱れ、の3点にほぼ集約されます。イスラーム教では、クルアーン（コーラン）や預言者ムハンマドの言行録に基づく「慣行（スンナ）」に従って物事の是非を判断するのが基本で、コーヒーのように預言者の没後に新しく生まれた習慣に対する見解は分かれがちです。

伝統を重んじるスンニ派の一部の学者からは「そもそも慣行からの逸脱（ビドア）だ」「精神に作用するのだから、酒の同類だ」などの批判が何度も出ましたが、そのたびに反論され、16世紀後半になるとコーヒーはイスラームの法に照らして合法な飲み物だという考えが学識者の多くに支持されるようになりました。アブドゥル＝カーディルの『コーヒーの合法性の擁護』（61頁）も、この時期に書かれたコーヒー擁護側の代表的な書物です。

しかし、こうしたコーヒー反対運動には、政治的、商業的な動機が裏にあった場合も少なくありません。特に為政者が問題視したのは、コーヒーそのものよりもむしろカフェハネという存在のほうでした。カフェハネで飲酒や音楽などの禁止行為に耽る者も少なくなく、監視や取り締まりの対象になりました。

またカフェハネは噂話から政治談義まで、いろんな話が飛び交う市民交流の場であり、中には世情への不平不満や政権批判、あげくには（後のフランス革命のように）クーデターを企てる不穏分子も混じっていたため、しばしば為政者が綱紀粛正を名目に排除を目論みました。しかし、こうした規制にも負けず、コーヒーやカフェハネは着実にイスラーム圏での市民権を得ていったのです。

コーヒーブレイク

3万人以上を殺した？ コーヒー禁止令

当時のコーヒー反対運動の中でもっとも過激だったのは、何といってもイスタンブルのコーヒー禁止令でしょう。1633年の禁止令では「1ストライク・アウト」で、見つかったら即、死刑。1656年では若干甘くなったとは言え「2ストライク・アウト」で、1回目は杖で酷く叩かれ、2回目は袋詰めにして海に沈められる（！）というから、かなり強烈です。

「何もそこまでしなくても……」と思われるかもしれませんが、コーヒー禁止を口実に当時の皇帝の政敵を排除すること、つまり最初から政治利用が目的だったのです。

イスタンブルでは、16世紀半ばのスーフィズムの普及とともにコーヒーが流行し、1600年頃にはヨーロッパ経由で伝来したタバコ（水たばこ）もカフェハネで嗜まれるようになりました。ところがオスマン帝国では、反権力主義者だったはずのスーフィー教団が17世紀頃から、エリート軍人（イェニチェリ）たちや、宮廷のハレムで絶大な権力を握る皇太后（ヴァリデ・スルタン）などの政治勢力と癒着していきました。

そして、この政治腐敗や風紀の乱れへの反発から、カディザデリーという強硬なイスラーム原理主義が反スーフィー勢力として台頭します。1633年、1656年のコーヒー禁止令は、それぞれムラト4世（在位1623〜1640）と、彼の甥で後にフランスにソリマン・アガ（84頁）を派遣したメフメト4世（在位1648〜1687）の治世で出されたもので、どちらも、このカディザデリー派が実権を握ったタイミングなのです。

ムラト4世は、彼の異母兄だった先々代の皇帝が軍閥に殺されたトラウマから、幼少時には摂政である母、皇太后キョセムのいいなりでした。しかし1631年に、ベクタシー教団というスーフィーの一派と強いつながりのあった軍閥が宮殿を襲って大宰相らを殺害したことで、スーフィーたちを危険視するようになります。そこで1632年に母を摂政から解任して実権を握り、皇帝の権力で軍閥を弱体化しようと考えました。

その後ろ盾として、彼は当時、新興勢力だったカディザデリー派の開祖に近づいたのです。翌1633年にはコーヒーやタバコの禁止令を出し、禁を犯した者を次々に「粛正」していきます。一説には、なんと3万人もの人々が処刑されたとも言われています。

メフメト4世の場合、彼の即位時にはキョセムが摂政として健在でしたが、3年後の1651年に何者かに殺されてしまいます。

その後、キョプリュリュ・メフメト・パシャという人物が大宰相に就任しますが、彼はカディザデリー派の支援者で、就任と同じ1656年にコーヒー禁止令が出ています。その後、彼の一族であるキョプリュリュ家の人々が、オスマン帝国では異例の世襲で大宰相を歴任して権勢を奮います。コーヒー禁止令を利用して権力の基盤を固めたことが、キョプリュリュ家の栄達につながったのだと思われます。

ヨーロッパにいたる4つの道

イスラーム圏に広まったコーヒーは16世紀末にヨーロッパ人たちの知るところになり、17世紀に入ると、とうとうコーヒーがヨーロッパにもたらされます。ただし、このとき通った道筋は一本ではありません。大別すると４つのルートでそれぞれ伝わったと考えることができます（次頁図）。年代の早いほうから順番に見てみましょう。

【地中海ルート】

この時代、イスラーム世界とヨーロッパを結んでいた主要なルートは地中海です。大航海時代をリードしたスペインとポルトガル以外のヨーロッパ人にとっては、地中海が唯一の「外の世界への入り口」であり、古くから東方交易の要所だった地中海東岸のレヴァントや、エジプトがイスラーム世界への玄関口でした。

１５７３年にレヴァントを旅行したドイツの医師、植物学者のレオンハルト・ラウヴォルフは、人々が「チャウベ」という飲み物を飲んでいるのを目撃し、『東方旅行の実録』（１５８２年）で紹介しました。これがヨーロッパ人初の「コーヒー目撃情報」です。植物としてのコーヒーノキについては、１５８０年にエジプトに渡航したイタリアの医師、植

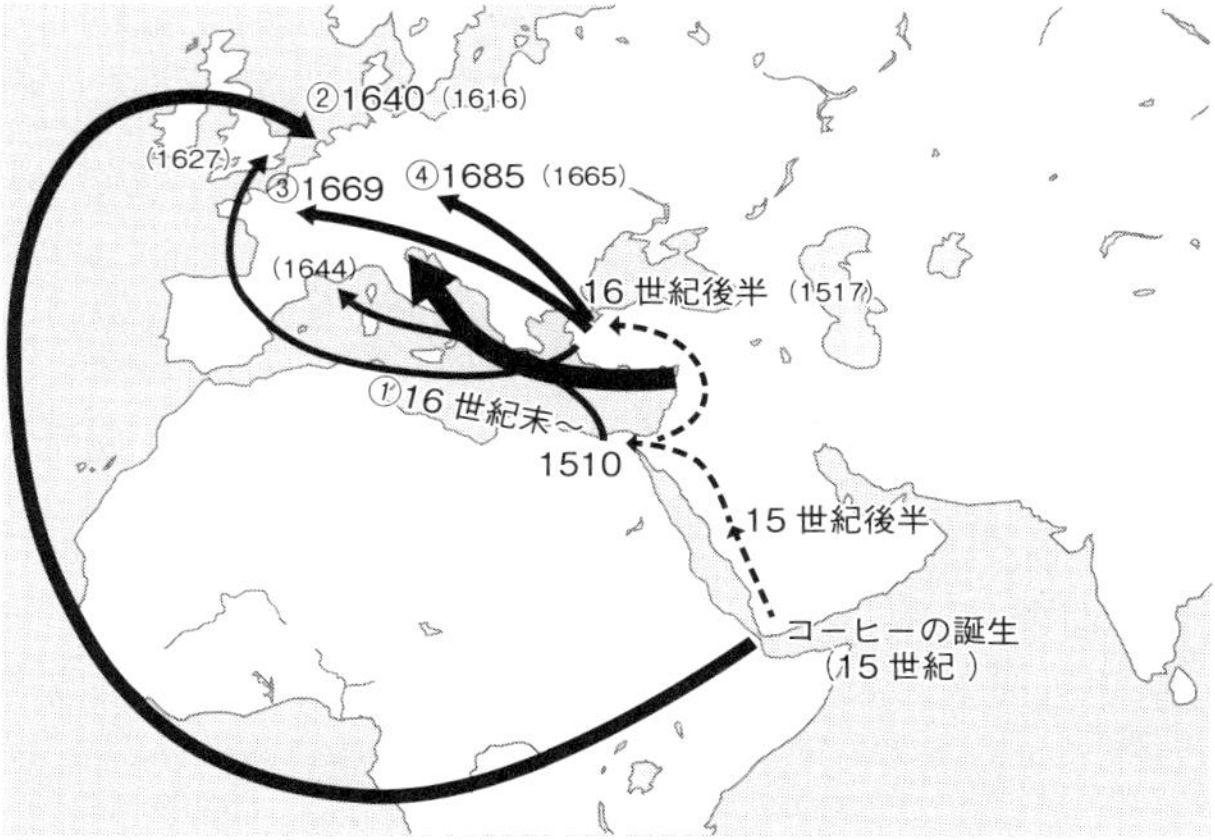

①地中海ルート　②東インド会社ルート　③パリ・ルート　④ウィーン・ルート
※本格的な伝播の年を示した（カッコ内は最初に伝播したと言われる年）

ヨーロッパへのコーヒー伝播ルート

物学者のプロスペロ・アルピーニが『エジプトの植物』（1592年）に著したのが最初です。その後17世紀に入ってからもレヴァントなどへの旅行者たちが、相次いで旅行中の「コーヒー体験談」を伝えています。

「コーヒーを知る」最初の入り口が地中海だと言うならば、「実際に入ってきた」最初の入り口も地中海でした。この当時、ヨーロッパ側の玄関口は（ギリシアやバルカン半島もオスマン帝国領だったので）ヴェネツィアです。正確な年代はわかっていませんが、16世紀末には既にヴェネツィア人たちはコーヒーを飲んでいたと言われています。

イギリスやフランスにも、最初は地中

海経由で伝わりました。イギリス国内で初めてコーヒーを飲んだのは、「血液は心臓から全身を巡って心臓に戻る」という血液循環説を初めて唱えた解剖学者ウィリアム・ハーヴェイだという説があります。彼はヴェネツィアの隣町、パドヴァの大学でコーヒーの味を覚えて、1627年にはロンドンに取り寄せて飲んでいたと言われています。

フランス領内には、1644年にマルセイユの商人ピエール・ド・ラ・ロックが伝えたものの、マルセイユから先にはあまり広まらず、実際にフランスでの大流行のきっかけになったのは、後述する「パリ・ルート」です。

いずれにしても、最初のうちは個人が少量持ち込んで飲み始め、その後イギリスのレヴァント会社など東方交易に関わる商人たちが交易品として扱うようになりました。1660年頃にはマルセイユでトン単位のコーヒー豆がエジプトから陸揚げされた記録があり、ほとんどが近隣で消費されたそうなので、消費量はなかなかのものだったようです。

【東インド会社ルート】

16世紀後半にはスペインやポルトガルに出遅れていたイギリスやオランダが海洋進出を果たし、17世紀に入るころにそれぞれ東インド会社を設立しました。彼らはまもなく紅海の入り口にあるイエメンの港、アデンとモカにも目をつけます。1616年にモカの港に立ち寄ったオランダの織物商ピーター・ファン・デン・ブルックは、そこでコーヒー豆を入手し、手土産として本国に持ち帰りました。このときの豆はアムステルダムで発芽して、ヨーロッパの地に根ざした最初のコーヒーノキになったと伝えられています。

オランダ東インド会社は現地に商館を建てましたが、その最初の場所はアデンです。それが１６２０年に、アデンの近くで内乱が勃発したためにモカに移転しました。その後１６３５年に、北イエメンを支配していたラシード朝が蜂起してオスマン帝国の勢力を追い出し、モカやアデンを含めたイエメン全土を掌握します。

モカは元々、スエズなど紅海の奥に位置する港を介してオスマン帝国の中心地に向かう紅海交易が盛んな港だったのですが、ラシード朝が支配したことでオスマン帝国との交易が下火になり、そのぶん、インド洋側から渡航するヨーロッパやアジアとの取引が盛んになりました。こうしてモカ港はヨーロッパへのコーヒー輸出港の座を獲得します。

ただし当初はヨーロッパでほとんど買い手が現れず、結局はイギリスに地中海経由で知れ渡り、コーヒーハウスが流行するまで待たねばなりませんでした。その後、１６４０年にアムステルダムの商人が発注したコーヒーをモカから船便で送ったのを皮切りに、１６６３年からは定期的に輸出がはじまり、オランダ以外の国々もヨーロッパへの輸送に乗り出します。こうして17世紀後半から、コーヒーの町として繁栄し、「モカ」という名前がコーヒーの代名詞として、ヨーロッパの人々に知られるようになったのです。

【パリ・ルート】

17世紀半ば、イギリスやマルセイユがコーヒーに目覚め、昂奮を高めていく一方、パリはまだ、まどろみの中にありました。そこにコーヒーを携えた1人のトルコ人がやってきて、パリの人々を叩き起こします。彼の名はソリマン・アガ。オスマン帝国の大使です。

この頃、オスマン帝国はヨーロッパ方面への領土拡大に執心していましたが、その前に立ちふさがっていたのが、宿敵オーストリアのハプスブルク家です。因縁の対決が始まったのは1529年。オスマン帝国はフランスに背後からオーストリアを牽制させつつ、バルカン半島を北上しながら領土拡大に成功したものの、2ヵ月にわたるウィーン包囲戦には失敗して撤退しました（第一次ウィーン包囲）。それから140年の歳月を経て、リベンジを決意したオスマン帝国皇帝のメフメト4世は今回もフランスとの挟み撃ちを狙います。これは後述する「ウィーン・ルート」の発端でもあります。

1669年、メフメト4世は側近の一人、ソリマン・アガに、フランス国王ルイ14世への親書を託してパリに遣わします。ソリマン・アガはパリに到着すると、仮住まいをトルコ風に豪華に飾り立て、訪れた人々に貴賤を問わずコーヒーを振る舞ってもてなしました。これが瞬く間にパリの人々の間で評判になり、貴族も庶民も先を争って彼のもとに詰めかけたのです。

17世紀フランスは「偉大な世紀《グラン・シエクル》」と呼ばれ、ブルボン家の下で政治的、文化的に成長して、大国の座に駆け上がった時代でした。特にフランス・スペイン戦争（1635～1659）に勝利して迎えた1660年代、ルイ14世が宰相マザランの死後に親政を開始。大貴族を排除して新興貴族やブルジョワ層出身の官僚を重用し、絶対王政を強化します。

これによって中央集権化は進み、パリは「国王のお膝元」として、文化や流行の発信地としての性質を強め、人々は嗜好品や贅沢品に一層の関心を向けるようになります。

パリにはすでに、スペイン経由でココア（1615年）、オランダ経由でお茶（1636年）が伝わっており、貴族たちを中心に愛飲されていました。じつはコーヒーも、マルセイユ経由で伝わっていたのですが、それは地中海周辺の庶民がカフェハネで飲むスタイルのもので、パリ市民の多くは「片田舎から広まった飲み物」としか見ていませんでした。

ところが、ソリマン・アガが振る舞うオスマン宮廷式のコーヒーは、そんなイメージを一変させます。「トルコ趣味」と呼ばれる、アラビアンナイトの世界から飛び出したような豪奢な調度の数々と、貴重な中国製の磁器に入れて召使いが運んでくる砂糖入りのコーヒー……それはまさに、西欧が畏れつつも憧れた大国オスマンの文化そのもの。人々はその威容にすっかり魅了され、彼にコーヒーを飲ませてもらうことが、流行に敏感な「パリっ子」たちの間で、一種のステータスになったとまで言われています。

コーヒーブレイク

ソリマン・アガの失敗

オスマン帝国大使として、人々にコーヒーを振る舞うソリマン・アガの噂は、まもなくヴェルサイユ宮殿のルイ14世の耳に届きました。興味をそそられた王は、大国の大使をもてなすにふさわしい豪華な歓迎式典を開くことにしました。宮殿を最高の絵画や彫刻で飾り、ダイヤモンドで光り輝く銀張りの王座に腰かけた王は、美麗な鳥の羽で王冠を飾り立て、他の列席者たちも最大限の正装で大使を迎えます。

正直に言って、ここまでくると歓迎というのは建て前で、「太陽王」と謳われたルイ14世が、まさに日の出の勢いにあった権勢をひけらかしたかった本心が見え見えです。

ところがソリマン・アガは、簡素な平服でやってきて、せっかくそろえた豪華な調度に目もくれません。同行した召使いですら同様です。挙げ句、ヴェルサイユの第一印象を聞かれて「お招きいただき光栄です」の一言も言わずに、「トルコの王宮のほうが豪華だ」などと言ったものだから、王の面目は丸つぶれです。

ソリマン・アガはソリマン・アガで、差し出した主君からの親書をルイ14世が玉座に座ったまま受け取ったことに憤慨し、文句を言います。さらに親書を読み上げたフランス側の騎士は、その中に当然書いてあるべき「全権大使」という文字がないことに気付きます。

本来こうした場合は、外交官の中でも最高位の全権大使を立てるのが筋ですが、ソリマン・アガは「使節団の一員」程度の身分だったのです。オスマン皇帝にしてみれば、フランスのごとき「駆け出し」の小国にはそれで十分だろうという扱いだったのに、ルイ14世はてっきり彼が全権大使だと思い込み、「超VIP待遇」していたわけです。

この一連のやり取りが、絢爛《けんらん》たるヴェルサイユ宮殿を舞台に、豪奢な正装の国王やフランス貴族たちと平服のトルコ人の間で繰り広げられた様子は、まさにドタバタ・コメディそのものだったでしょう。当然、交渉がうまくいくはずもなく、ソリマン・アガは本来の使命を果たせず、1年も経たずに帰国します。

結局、彼はフランスにコーヒーを広めにいっただけのようなもので……そうそう、もう一つありました。大恥をかかされたルイ14世は、おかかえの劇作家モリエールや作曲家リュリに、トルコ人を馬鹿にした作品作りを命じました。こうして生まれたのが『町人貴族』で、バレエ喜劇（コメディ・バレ）の傑作と讃えられています。

【ウィーン・ルート】

ソリマン・アガの交渉失敗から14年経った1683年、オスマン帝国は国境付近で勃発した紛争の支援を口実に、再びオーストリア領内に侵攻し、ウィーンまで進軍して再び包囲戦を仕掛けます（第二次ウィーン包囲）。しかし包囲の2ヵ月後、救援に駆けつけたポーランド・オーストリア・ドイツ諸侯の連合軍の前にオスマン軍は敗走し、ハプスブルク家の大勝利に終わりました。

この戦いでは、コルシツキー（コルツィツキー）というポーランド出身の兵士のエピソードがよく知られています。彼はトルコ人に化けて、包囲されたウィーンから抜け出し、救援軍に敵陣の情報を伝えました。そして、再び敵軍の間を抜けて街に戻り、救援が迫っていることを知らせて人々を勇気づけます。この恩賞として、金と家、そして敗走したオスマン兵たちが塹壕《ざんごう》に残していた大量のコーヒー豆をもらったコルシツキーは、ウィーン初のカフェ「青い瓶の下の家（ホフ・ツア・ブラウエン・フラシェ）」を開いたという物語です。

とても良く出来た面白い物語なのですが、これはどうも後世の創作のようです。近年の研究によれば、パリの場合と同様に、1665年にオスマン帝国からウィーンに派遣された親善大使がウィーンの宮中で振る舞ったという記録があります。またウィーン最初のカフェは1685年、コルシツキーより先にアルメニア人ヨハネス・ディオダートが開いたもので、それがいつの間にかコルシツキーの功績として伝わったようです。

しかし、ウィーンのカフェでは、今でもコルシツキーの功績を讃えて彼の肖像画を飾っている店が多く、また1885年に「コルシツキー通り」と名付けられた道路の角に、コーヒーポットとカップを乗せたトレイを運ぶ彼の銅像が飾られています。「青い瓶の下の家」は彼の死後まもなく無くなりましたが、この逸話から名前を取ったのが、アメリカの「ブルーボトル・コーヒー」(240頁)なのです。

今のコーヒーのはじまりは？

イエメンで生まれた「コーヒーのカフワ」にはブンとキシルの2種類があり、どちらも今我々が飲んでいるコーヒーとは違うと述べましたが、じつは15世紀から16世紀にかけてイスラーム圏に広まったものも、ブンとキシルの両方です。少なくともイスタンブルまでは両方が伝わったようで、その証拠としてトルコには今でも「サルタナ・コーヒー(=スルタンのコーヒー)」という、キシルで作るコーヒーが一応残っています。

一方、16世紀末から17世紀前半にヨーロッパ人がレヴァントやイスタンブルで目撃したものはブンばかり。さらにヨーロッパにはキシルは伝来せず、現在と同じコーヒー豆だけを用いるかたちで伝わったと思われます。いったい何が起こってそうなったのか、理由はよくわかりませんが、思い当たる可能性が3つほどあります。

一つはブンとキシルの使い分けです。元々、キシルは暑い地方で、ブンは寒い地方で飲むのに適しているというイスラーム医学に端を発する考え方がありました。このため、アラビア半島から北上するに連れて、ブンを用いる頻度が増えたのかもしれません。

もう一つは、コーヒー禁止令のときに選択された可能性です。現在イエメンで飲まれているキシルには、乾燥中に果肉が発酵したアルコールっぽいものがあるそうです。16世紀にアブドゥル＝カーディルが「カフワにも不適切な作り方のものがある」と書いていたのは、このためかもしれません。各地のコーヒー禁止令では、たびたび「キシルが焼き捨てられた」記録は残っていますが、ブンが焼かれたという記録はないようです。

最後の一つは、モカの台頭です。キシルとブンの両方があるイスラーム圏は、バイト・アル・ファキーフからコーヒーを買っていましたが、ヨーロッパではモカからのコーヒーが主流でした。つまりモカから輸出する分だけ殻を外していた可能性があります。

当時のモカでは「栽培を独占するため発芽能力を失わせた豆を輸出した」と言われています。そのための処置だったのか、長い船旅中にカビやネズミ、虫にやられないための工夫だったのかはわかりませんが、いずれにせよ、モカからの輸出がコーヒーのあり方に影響した可能性は考えられるでしょう。

4章　コーヒーハウスとカフェの時代

17世紀にヨーロッパに伝わったコーヒーは当初、好事家や貴族たちなど一部の人が飲むものでしたが、コーヒーハウスやカフェが登場すると中産階級や市民階級にも普及し、ますます身近な飲み物になりました。またコーヒーハウスやカフェは「市民交流の場」として、社会に多大な影響を与えます。情報交換に商業利用、百科全書編纂に革命まで……それはまるで現代のインターネットさながら。17〜18世紀の状況を国ごとに見てみましょう。

コーヒー先進国——イギリス

今では「紅茶の国」のイメージが強いイギリスですが、茶が伝わったのはコーヒーよりも後のこと。正確な年は不明ですが、1630年代とも1657年とも言われます。じつは17世紀のイギリスは、紅茶ならぬ「コーヒーの国」——しかもヨーロッパで最初にコーヒーハウスの流行を迎え、ヨーロッパのコーヒー消費を牽引した「コーヒー先進国」だったのです。

イギリス初のコーヒーハウスは1650年にジェイコブというユダヤ人が、オックスフォードで開いた店だと言われています。ただしこの店は長続きせず、本格的な流行は1652年にアルメニア出身のパスカ・ロゼがロンドン初のコーヒーハウスを開いてから。ここからまさにコーヒーハウスの「爆発的」な大流行が始まります。その30年後のピーク時には人口50万人ほどのロンドンに、なんと3000軒ものコーヒーハウスが立ち並んでいたそうです。

これほどの大流行が起きた理由は、当時のイギリスの社会状況にあります。1649年の清教徒革命で、市民が支持する議会派が国王派に勝利したことで、イギリスは市民社会の萌芽期を迎えました。王侯貴族たちが宮廷やサロンを社交場にしていたように、市民にも、政治談義を交わしたり世間話をしたりする「交流の場」が、ある種の社会的必然として生まれてきます。

その舞台になった場所こそがコーヒーハウスだったのです！

その後、王政復古の時代になっても、コーヒーハウスの活況はとどまるどころかますます加速し、やがて名誉革命を経てイギリスが近代市民社会化する原動力になりました。

ある意味、この流行の「本体」は、コーヒーハウスとそこで行われる市民の交流であり、コーヒーは「添え物」だったといえるかもしれません。しかし、他の飲み物ではなく、コーヒーが選ばれたことにも、それなりの理由がありました。

「コーヒーは出生数を低下させる」

イギリスのコーヒーハウスは、イスラーム圏のカフェハネがモデルの、（少なくとも流行初期は）酒を出さない店でした。じつはイギリスの人々にとって、はじめての「素面《しらふ》で語り合える」飲食店だったのです。それまで人々が集まる場所といえば居酒屋（エールハウスやタヴァン）、宿屋（イン）など酒を飲ませる店ばかりで、真面目な議論をしていても最後にはみんな酔っ払って潰れてしまうのがオチでした。

ところがコーヒーハウスの出現で、人々は素面どころか、飲めば飲むほど（？）カフェインで頭をはっきりさせながら、語り合えるようになったのです。当時のイギリスでは、味よりも薬理作用がコーヒーを飲む大きな理由だったようです。

17世紀終盤には、茶やココアなどの飲み物もコーヒーハウスで飲まれるようになりますが、当初はほとんど見られませんでした。茶の場合は、イギリスに入ったのがコーヒーよりも遅かったうえ、当初は敵対するオランダが輸入を独占していて高価だったため。ココアはすでに伝わっていましたが、やはりスペイン経由の輸入で高価だったことと、コーヒーよりも溶かすのに手間がかかり、一度に大勢の客に提供するのは難しかったからだと言われます。

またココアは、カトリックの寺院やスペイン・ポルトガルの貴族たちの、退廃的な飲み物だというイメージが強く、これに対してコーヒーは、勤勉と理性を重んじる市民の飲み物というイメージで、プロテスタントの国々や清教徒らに好まれたとも言われています。

ただし、コーヒーやコーヒーハウスが、当時の全ての人に歓迎されていたわけではありません。客を奪われた居酒屋などはもちろん、ロンドン大火（1666年）後には焙煎による出火を恐れた書籍商、そして——意外に思われるかもしれませんが——多くの女性たちも快く思ってはいなかったようです。

じつは当時のコーヒーハウスは基本的に女子禁制であり、コーヒーハウスに入り浸る夫に放っておかれた妻たちが、「コーヒーは出生数を低下させる」というパンフレットを発行した記録も残っています。また、この女性達の訴えに乗じてコーヒーハウスでの市民の議論を快く思っていなかった国王チャールズ2世がコーヒーハウス閉鎖令を出しました……市民のあまりの反発に10日で撤回する羽目になりましたが。

こうして一時代を築いたコーヒーハウスも、18世紀に入ると勢いに陰りが見え始め、やがて衰退していきます。「市民社会のゆりかご」になったコーヒーハウスは、市民社会の完成によって当初の役目を終え、需要を失っていったともいえるでしょう。数が増えすぎて飽和状態に陥っていたため、需要の減少に耐えられず、アルコールの提供など、当初のスタイルを変節させていく店も現れます。こうして「勤勉で理性ある市民の交流の場」という様式が崩れていったのです。

さらに「女子禁制だが男性は誰でもOK」というコーヒーハウスのスタイルもマンネリ

化してしまい、女性同伴可でメリーゴーラウンドなども庭園に備えた、紅茶主体の「ティー・ガーデン」や、完全会員制の「クラブ」など、新しいコンセプトの店に取って替わられていきました。

また18世紀には、オランダやフランスがコーヒーの植民地栽培（5章）を開始してコーヒーを安価で確保していましたが、後れをとったイギリス東インド会社は（相対的に）高値で仕入れざるを得ませんでした。一方で、茶の輸入は17世紀後半に安定させていた——どころか、じつは買い過ぎで在庫を抱えていた——ため、コーヒー消費に歯止めをかけ、その分紅茶を売り込もうと画策します。その甲斐あってか、茶の消費量が年々増えるのと対照的に、コーヒー消費量は減少しはじめ、18世紀後半にはイギリスは「紅茶の国」へと変わっていったのです。

イギリスコーヒーハウス百景

当時のイギリスのコーヒーハウスは、一見《いちげん》さんでも常連でも貴賤貧富の別なく入店できて、一度入ってしまえば中で交わされるさまざまな会話に参加が可能。入場料を先に払って、コーヒーはその都度カウンターにいるおかみさんに頼む方式が一般的で、それも入場料1ペニー、コーヒー1杯2ペニーという安さです。1ペニー払えば大学のように何でも学べるとの評判から「ペニー・ユニバーシティ」とも呼ばれました。

ロンドンでは立地による客層の違いから、次第に店ごとの独自色が現れます。商業中心地ロイヤルエクスチェンジ（株式取引所）周辺では「ギャラウェイ」「ジョナサンズ」などのコーヒーハウスが商談の場になり、17世紀末には仲買人が皆コーヒーハウスで商談するものだから取引所が無人になったと言われています。

イギリスのコーヒーハウス

海運交易の積荷の予約が行われた店は「ヴァージニア」や「バルチック」。世界的な保険取引所「ロイズ」も元は貿易商や船員が集まるコーヒーハウスで、そこに目を付けた証券ブローカーたちが、沈没や海賊被害で積荷を失ったときなどのリスク補償をもちかけたのが、現在の保険業のはじまりだと言われています。
後の二大政党制の起源と言われるホイッグ党（自由党）とトーリー党（保守党）も、それぞれの拠点となるコーヒーハウスでしばしば集会を行いました。『タトラー』『スペクテーター』などの日刊紙はコーヒーハウスで情報を集め、また新聞自体もコーヒーハウスと契約してカウンターに置いてもらう手法で、多くの読者を獲得します。
17世紀後半の英文学史に一時代を築いた文人、ジョン・ドライデンもコーヒーハウス「ウィルズ」を拠点に活動した一人です。ロンドンの経済・政治・ジャーナリズム・英文学……その全てがコーヒーハウスを舞台に発展したといえるでしょう。

高級感のあるスタイルにはまる――フランス

フランスは、出だしこそイギリスに後れをとりましたが、途中で衰退したコーヒーハウスとは異なり、カフェ人気がずっと持続しつづけた、安定したコーヒー消費国だといえるでしょう。消費の大半はパリの中産市民階級が中心で、個人消費量に換算するとパリっ子がフランス人平均の10倍近くを飲んでいた計算になります。

ソリマン・アガ(84頁)が伝えた後、コーヒーは宮廷やサロンで貴族達が良く飲むようになり、パリの街中にもコーヒーを商う人々が現れはじめました。1672年にアルメニア人パスカルが、サン・ジェルマンの定期市でオリエント風のコーヒー店を出したのが、パリ最初のコーヒー店だと言われています。また同じ頃にはパリの市中で、アルメニア風の恰好でコーヒーをポットに入れて売り歩く「カンディオ」という呼び売りの姿も見られるようになりました。

しかし「パリのカフェの原点」とも言われる「カフェ・プロコップ」の登場で、事態が急変、熱狂的なカフェの時代が訪れます。

１６８６年に開業したプロコップは、それまでのオリエント風一辺倒のカフェとは一線を画し、巨大な大理石のテーブルにシャンデリア、大きな鏡など、豪奢なヴェルサイユ風にこだわりぬいた内装で、コーヒーやリキュール、アイスクリームをお手頃価格で提供するという、かつてないスタイルで、瞬く間に評判となります。

特に惹き付けられたのは、上流階級に憧れる富裕層や中流階級の人々でしたが、貴族や知識人、コメディ・フランセーズの俳優たち……プロコップは、じつに多彩な人々で賑わいます。18世紀には当時最高の知性と称されたヴォルテールをはじめ、ディドロ、ダランベール、ルソーらが集い、『百科全書』の編集会議を行ったのもこの店でした。

ソリマン・アガのときといい、このプロコップといい、パリっ子たちは、どうも味や薬理作用より、この手の「高級感のあるスタイル」から、コーヒーにはまってしまう人が多かったようです。いずれにせよ、他のカフェもすぐにこのスタイルを取り入れるようになり、まさにパリのカフェの歴史はプロコップから始まったといえるでしょう。

プロコップと人気を二分したのが「カフェ・ド・ラ・レジャンス」。このカフェは、ルイ14世の王弟オルレアン公邸（パレ・ロワイヤル）前に、１６８８年、カフェ・プラス・

ド・パレ・ロワイヤルの名で開業しますが、1718年にプロコップ風の豪華な内装にリニューアルし、店名も時のオルレアン公フィリップ2世の役職にちなんで「レジャンス（摂政）」に改めました。

レジャンスを一言で言い表すならば「チェス喫茶」。啓蒙思想の時代を迎えた18世紀のフランスでは、知的遊戯としてチェスが大流行し、カフェでも客同士でチェスを打ったり、試合を観戦したりするようになりました。なかでも、その中心地になったのが、このレジャンスだったのです。多くの知識人やチェス名人が集まり、黙々と勝負を繰り広げる様子は「プロコップは談論が、レジャンスは沈黙と緊張が支配した」と語られています。

この摂政時代（1715〜1723）を評して、19世紀の歴史家ミシュレは「パリは巨大なカフェになった」と述べています。18世紀初頭には、人口約50万人のパリに300軒のカフェがありましたが、フランス革命直前の1788年には、人口60万人に対し1800軒にまで増加しました。

18世紀中頃のフランスでは、抽出法や抽出器具の試行錯誤もはじまります。それまでは砕いたコーヒー粉を水と一緒に火にかけるトルコ式の煮出法が一般的だったのですが、カフェで大量に飲むために加熱を続けたり作り置きしたりすると味が落ちたことから、お湯に浸けて出す浸出法が主流になりました。

また1763年にはドンマルタンという人物が、陶器製のポットの内側に、フランネルで作った布製の濾し袋を取付けた抽出器具（ドンマルタンのポット）を発明します。一応は現在のドリップ式の原型とも言える発明ですが、粉のほとんどが湯の中に浸かるため、今で言うとドリップよりもフレンチプレスに近い味だったと思われます。いずれにせよ、コーヒーに「こだわりの世界」を持ち込んだのも、どうやらフランス人だったようです。

フランス革命はカフェから始まった

18世紀フランスの最大の出来事といえば、何といってもフランス革命でしょう。じつはこの革命にもカフェが大きな役割を果たしています。

ヨーロッパ諸国が近代化する中、フランスは旧態依然の絶対王政による支配（アンシャン・レジーム）を続けていました。しかし、言論の場であるカフェではヴォルテールやルソーら啓蒙思想家がしばしば体制批判を繰り広げ、さらにはブルボン朝が抱える多額の財政赤字から、王家打倒を目指す革命家たちの声が高まります。

彼らの後ろ盾になったのが、ブルボン王家に次ぐ王位継承権を持った、オルレアン公爵家のルイ・フィリップ2世（フィリップ平等公）です。彼は王位を狙う野心家であり、自由主義貴族の筆頭としてブルボン家と対立していました。1780年、父親からパレ・ロワイヤルを譲り受けた彼は中庭の回廊を5年がかりで大改装し、最新のブティックやカフェなど多数のテナントを集めた一大ショッピングモールに作り替えます。パレ・ロワイヤルは市民に一般開放されましたが、オルレアン家の威光で唯一立ち入りを禁じられていたのが国家権力、すなわち警官です。このため、政府に追われた革命家や思想家、犯罪者や娼婦までが集まる、パリ最大の盛り場になっていったのです。

そして訪れた運命の１７８９年7月12日。パレ・ロワイヤルの回廊にあるカフェ・ド・フォワのテラスから、１人の青年が通りの民衆に向かって演説を行います。カミーユ・デムーラン。このカフェを拠点とする革命派政党ジャコバン・クラブに出入りしていたジャーナリストです。

財政改革を進めていた市民派の財務長官ネッケルが、国王に罷免されたというニュースが、市民たちの知るところになり「このままでは貴族たちの好きにされる」「貴族派は集めた外国人傭兵を使って、市民の弾圧と虐殺を企てている」などの噂が飛び交いました。デムーランはこれに乗じて、人々に武器をとるよう、また味方の目印に街路樹の緑の葉を身につけるよう訴えかけます。そして7月14日、武器を求める市民らがバスチーユ監獄を襲撃し、革命の火蓋が切られたのです。

謎多き最大消費国――オランダ

この当時、最大のコーヒー消費国はどこの国だったでしょう？　コーヒーハウスのイギリス人？　カフェのフランス人？　いいえ、そのどちらでもありません。

当時の推計によれば、コーヒーをいちばん飲んでいたのは、オランダ人です。オランダは海路でのコーヒー輸入と栽培にいち早く着手した国であり、18世紀には東インド航路のモカ、ジャワ、レユニオン、西インド航路のハイチ、マルティニーク、スリナムと、世界のコーヒー全てがアムステルダムに集まっていました。オランダからは北欧やドイツなどに販売されていましたが、同時に国内消費量も多く、第一次世界大戦で輸入が滞るまでは、ほぼ個人消費量の首位の座を守りつづけています。

ただし当時のオランダ人がどういう飲み方をしていたのかは記録が少なく、その消費の実態は謎に包まれています。１７００年頃には人口20万人のアムステルダムに32軒のカフェがあったと言われており、イギリスやフランスに比べるのも何ですが、消費量と比べるとかなり少なく感じられます。カフェにまつわる華々しい話もあまり残っていないため、家庭や職場での消費が主体だったのかもしれません。あるいは何らかの理由で、こっそり国外に輸出していた可能性も考えられます。

女性たちが私的空間で飲みあった――ドイツ

現在のドイツ（当時は小国群）にコーヒーが伝わったのは１６７０年です。ヨーロッパの他の国では、コーヒーと言えば「男性がカフェで飲むもの」でしたが、ドイツでは、それ以上に「女性たちが私的空間で淹れて飲むもの」として普及しました。誰かの家に集まって、自慢の食器などを披露しながらコーヒーを飲んでお喋りする茶話会（カフェークレンツヒェン）が、主婦たちの社交の場として18世紀から20世紀初頭まで流行します。

この当時のドイツ女性の間でのコーヒー人気を謳ったものの一つが、バッハの名曲『おしゃべりはやめて、お静かに』……通称『コーヒー・カンタータ』です。１日３杯コーヒーを飲み、コーヒーなしではいられないと歌う娘に、父親が何とかやめさせようと、食事や洋服などを取り上げると脅します。娘は全くこたえませんが、最後に「コーヒーをやめなければ婿探しはしてやらない、結婚させないぞ」と父親が脅したところ、娘は動揺し、「恋人を見つけてくれるならコーヒーを諦める」と父親に誓います。

……と言いながら、じつは内心、「コーヒーを飲ませてくれる相手でないと結婚しない」と考えていて、結局は誰も彼女がコーヒーを飲むのを止められない、と締めくくられます。今の我々の感覚では分かりづらい部分もありますが、当時ドイツでは父親が娘の結婚相手を探すのが珍しくなかったことに加えて、コーヒーを飲むのが女性に多かったことを知れば、この曲が生まれた背景を理解できることでしょう。

18世紀後半、なおも増え続けるドイツのコーヒー消費に対して、国の資金が海外に流出することを恐れたプロイセン王フリードリヒ2世は、消費抑制のために指定業者以外の焙煎禁止と輸入を規制し、さらに1777年にはコーヒー禁止令を布告しました。

これを受けてドイツでは、チコリや大麦などから作る代用コーヒーが開発され、庶民の間に広まります。結局この禁止令は長く続かず、1780年以降はフランスに迫るコーヒー消費国に成長します。しかし、その後も代用コーヒーの消費は本物のコーヒーと同じように増えつづけ、ドイツでは約200年にわたって消費の半分以上を代用コーヒーが占め、「ドイツのコーヒー」と言えば代用コーヒーを意味するくらいになりました。

ビリヤード、新聞、クロワッサンとともに——オーストリア

有名なコルシツキーの「青い瓶の下の家」（88頁）が最初かどうかはさておき、1683年のオスマン軍による第二次ウィーン包囲後、オーストリアにもカフェが誕生し、市民の社交場として広まりました。フランスのカフェにはチェスが付き物でしたが、ウィーンのカフェに必ずと言えるほど置かれていたのはビリヤード台と新聞です。ウィーンの人々はビリヤードに興じたり、新聞を読んだりしながら、カフェで時間を過ごしたようです。

そして、もう一つ、当時のカフェのメニューに現れたものがクロワッサン。この三日月《クロワッサン》形のパンは、オスマン軍を撃退した記念に、彼らが旗印にしていた三日月を模して、この頃から作られるようになったと言われています。

ウィーンのカフェは、フランスほどの派手さはなかったものの、18世紀には着実に数を増やしていきました。なお、その後はナポレオン戦争によって激減し、カフェが全盛期を迎えるのは、戦争終結後のビーダーマイヤー期（135頁）になってからです。

コーヒーハウスが公民館の役割も担う——アメリカ

コーヒーが初めてアメリカに伝わった年や経緯については、じつはよくわかっていません。もっとも古い記録は、1668年にニューヨークで飲まれていたというものです。ただし、ニューヨークがまだオランダ植民地でニューアムステルダムと呼ばれていた時期に、オランダ東インド会社が既に伝えていたとも言われており、モカから初めてコーヒーが輸出された年（83頁）から考えて、1640〜1664年の間だと推測されます。

なお、1607年にヴァージニア植民団を率いた探検家ジョン・スミスがコーヒーやコーヒーノキを伝えたとしている本もありますが、おそらくこれは、ユーカースが『オール・アバウト・コーヒー』の中で「ジョン・スミスがコーヒーの知識をアメリカに最初にもたらした」と書いているのを誤読したものでしょう。

コーヒーは1670年頃にニューイングランドにも伝わり、そこでまもなくアメリカ初のコーヒーハウスが生まれました。初期の登記簿は逸失していますが、1676年にニューイングランドの中心都市ボストンで、数名の商人と住民が「コーヒーを売るパブリックハウスで人を雇いたい」と町の行政委員に要請して、ジョン・スパリーという人物が営業許可を受けた記録が残っています。当時はロンドンのコーヒーハウス全盛期で、また取引所近くの物件だったことから、おそらく、商人の集まる場を目指していたと思われます。

当時のアメリカでは、パブリックハウス（英国のパブ）とコーヒーハウス、居酒屋（タヴァン）、宿屋（イン）はごちゃ混ぜで、明確な区別はありません。店名はコーヒーハウスだったりタヴァンだったりと色々ですが、いずれもコーヒー、酒、食事など何でも提供し、住民同士の交流や商談の場となり、さらには地域行事を行う「公民館」の役割までかぶせた、まさに「町の中心」となる場所でした。

18世紀のボストンでは中心街のキング・ストリート（現在のステート・ストリート）にあった「グリーン・ドラゴン・タヴァン」や「バンチ・オブ・グレープス」などのタヴァンが、その役割を担っていました。ニューヨークでも1696年に「ハッチンズ・コーヒーハウス」が開業し、ボストン同様、町の中心になります。

1690年代にはボストンで、ロンドンでも見られた「ニュースとの組み合わせ」を狙ったコーヒーハウスも現れます。1690年にベンジャミン・ハリスという書籍商が開いた「ロンドン・コーヒーハウス」がその最初です。彼は開業と同時に、アメリカ最初の新聞『パブリック・オカレンシズ』を発行したのですが、この新聞が無許可だったため、創刊と同時に逮捕され、発禁になりました。その後1695年には、別の書籍商が「ガターリッジ・コーヒーハウス」を開業し、日本で流行している「本屋とコーヒーショップの組み合わせ」は、このころからアメリカで定番になっていきます。

ボストン茶会事件を契機に

18世紀後半になると、植民地アメリカと本国イギリスの関係に変化が生じます。アメリカ南部はイギリスとの経済的な結びつきが強く、南部で生産した綿花をイギリスに売り、イギリスで加工した製品や機械を南部が買い、イギリスは他の国にも綿製品を売って儲けるという関係でした。

一方、工業化が進んだアメリカ北部の資本家たちは、南部を市場として狙っていたため、この体制に不満を抱きます。さらにイギリスが七年戦争（1756〜1763）の負債を補うため、ことあるごとにアメリカから徴税しようとして、猛反発を受けました。

こうして蓄積した不満は、イギリス東インド会社だけに無関税の紅茶販売を認めた不平等条例（茶法）が布告された1773年、同社船舶を襲撃して積み荷を海に捨てた、有名な「ボストン茶会事件」として噴出しました。これを契機に1775年にはアメリカ独立戦争が勃発し、1783年のパリ条約で正式にアメリカ合衆国が独立を果たします。

　このイギリスとの対立は、茶からコーヒーへの転換と、コーヒー消費の増加をもたらしました。実際、アメリカでは茶会事件の前後、1772年から1779年の短期間で、コーヒー消費量が7倍にも跳ね上がっています。特に事件の起きたボストンでは紅茶代わりの薄いコーヒーが普及し、アメリカ国内でも特に「浅煎り」の地域になっていきます。18世紀後半にはニューヨークがアメリカでの取引の中心になり、内陸部へのコーヒー供給を担うようになりました。1790年代には、生豆の輸入業者と、国内向けに卸売りする焙煎業者の分業体制もできあがっています。

コーヒーブレイク

コーヒー有害論とグスタフ3世の人体実験

　この時代、ヨーロッパではコーヒーが健康に悪いのではないかという問題がたびたび議論を呼びましたが、それを「人体実験」で確かめようとした人物がいます。スウェーデン国王グスタフ3世（在位1771～1792）です。この国王、「コーヒー有害論」の支持者でコーヒー禁止令を布告していたのですが、隠れて飲む人が跡を絶ちませんでした。

そこで彼は一計を案じます。このとき殺人犯として捕らえられていた双子の死刑囚に、罪一等を減じて終身刑とする代わり、2人の医師に命じて、双子の片方には毎日大量のコーヒーを、もう片方には同じ量の紅茶を飲ませつづけました。そうして、コーヒーを飲ませた囚人が早死にすることを科学的に証明しようと考えたのです。

ところが皮肉なことに1792年、国王は暗殺されて囚人2人よりも先に亡くなってしまいます。王の死後も実験は続けられ、2人とも大変長生きしましたが、紅茶を飲んでいたほうが83歳で先に亡くなりました。コーヒーを飲んでいたほうが何歳まで生きたかは伝わっていません。

このエピソードは1937年にアメリカの科学ニュース誌で紹介され、今もコーヒー本などで「コーヒーが健康にいい根拠」として取り上げられることがあります。ただし、目の付けどころはよかったものの、さすがにコーヒー・紅茶1人ずつの実験では残念ながら何の根拠にもなりません。現在では倫理的に許される実験ではないのですが、正直、双子でなくてもいいからそれぞれ数十人で比較していたらどういう結果が出ただろうか……と考えないでもありません。

5章　コーヒーノキ、世界へはばたく

ますます増加するコーヒー消費はヨーロッパ列強の注目を集め、植民地での生産を目論む国が17世紀末から現れました。その最たる国がオランダとフランスです。この2国によって東南アジアやカリブ海にコーヒーノキが伝えられ、全世界に広まっていきました。

しかし、その陰では、冒険とロマンに満ちたいくつもの「物語」が繰り広げられていたのです！　この章では17〜18世紀の生産国側に目を向け、コーヒー栽培が伝播した軌跡を辿りましょう。

アラビカの二大品種

15世紀にアデンでコーヒーが発明されてから17世紀にいたるまで、コーヒー栽培の中心地はイエメンでした。特にオスマン帝国統治下ではコーヒー栽培が奨励され（1544年）、ラシード朝がイエメン統一を果たした（1636年）後も、重要な輸出作物として栽培されつづけました。エチオピア側のハラーでも16世紀には生産量を増やしていましたが、16世紀後半のオロモ族による侵攻（39頁）で打撃を受けてしまったようです。

当時、イエメンではコーヒー栽培を独占しようと、種子や苗木の持ち出しを禁じていたと言われています。真偽は不明ですが、わざわざ豆を煮て発芽しないよう加工してから輸出したと噂されるほど。

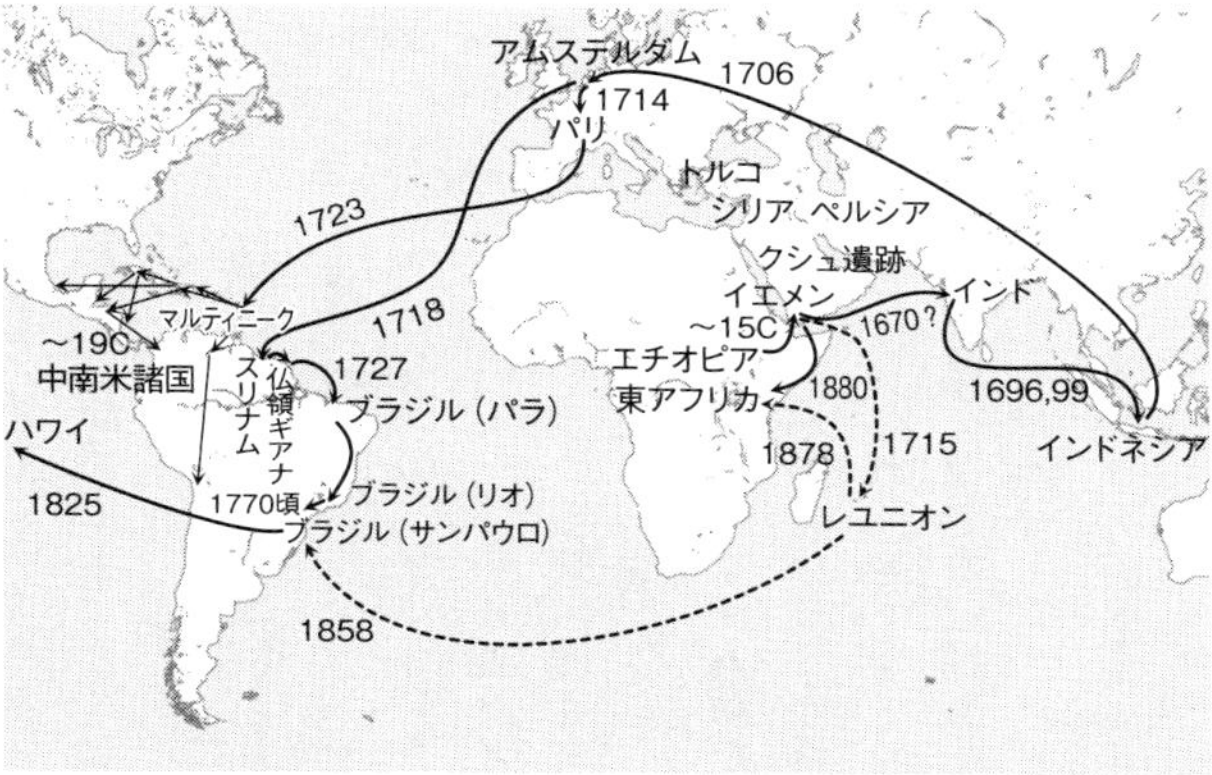

コーヒー栽培の伝播（アラビカ種伝播の主な経路を示した。実線はティピカで、破線はブルボン）

しかし、17〜18世紀にはその禁令をかいくぐって、異なる性質を持つ2種類のコーヒーノキがそれぞれ別の経路で持ち出されました。インドネシア、ヨーロッパを経て中南米に渡った「ティピカ」と、レユニオン島（ブルボン島）に渡った「ブルボン」です。

ティピカもブルボンも、伝播する過程でそれぞれたった1本の樹の子孫だけが生き残り、現在世界で栽培されているアラビカ種は、一部の例外を除き、元を辿ればそのどちらかに行き着きます。言い換えると、世界で栽培されているアラビカ種のほとんどは、この2本の樹の子孫なのです。このため、ティピカとブルボンはアラビカ種の「二大品種」または「原品種」とも呼ばれています。

ティピカは枝の先端に着く新芽がブロンズ

色で、豆は大粒で細長く、やや薄っぺらで舟形に湾曲した形状です。これに対してブルボンは新芽が緑色、ティピカよりも枝の角度が上向きで葉は幅広く、豆はやや小さめで丸っこい形をしています。

じつは、現在イエメンで栽培されているコーヒーノキにも、エチオピア西南部の野生種にも、ティピカやブルボンとすべての特徴がぴったり一致するものは見当たらず、その直接の起源は謎に包まれています。ただし伝播の経緯と合わせて考えると、17〜18世紀のイエメンでは今よりもいろいろなタイプのコーヒーノキが栽培されていて、ティピカやブルボンの祖先はその中から持ち出された可能性が示唆されます。

ティピカの系譜——イスラーム教徒による伝播

最初にイエメンからコーヒーを持ち出したのは、オランダでもフランスでもなく、イスラーム教徒だと言われています。ただし確実と言える史料がないため、実際の経緯はよくわかりません。輸出などの記録もなく、本格的な生産には程遠かったと思われますが、彼らが持ち出したコーヒーノキがティピカの起源になったと考えられています。

１６５８年、オランダがポルトガルに代わってセイロン島（スリランカ）を植民地化したときには、すでにイスラーム教徒が移入していたコーヒーノキが生えていたといいます。

だからそれを栽培したというのが、イエメン以外でコーヒーが栽培された最初の記録です。このコーヒーノキは、一説にはインドやインドネシアにも伝わったとも言われていますが、その真偽は不明です。

またインドには、1670年頃に、ババ・ブダンというイスラームの聖者が南西部カルナータカ州チッカマガルルの山中でコーヒー栽培を始めたという伝説があります。この地には、7世紀にマッカからやってきて民衆のために圧政者と戦った、ダッダ・ハヤートというイスラームの英雄を祀った祠があり、ヒンドゥー教徒らもダッタトレイヤという神と同一視して崇めていました。

17世紀にインド南部のイスラーム王朝に仕えたババ・ブダンが、4年かけて祠をきれいにした後、マッカへの巡礼に向かいます。帰国後、人々は彼をダッダ・ハヤートの再来だと崇めたそうです。巡礼の帰り、彼はモカで密かに入手した7粒のコーヒーの種子を、自分の腹に紐でくくり付けて持ち帰ることに成功しました。祠の近くに植えた種子のうち1本だけが育ち、これがティピカ系最古の栽培品種「オールド・チック」の祖先になったと言われています。この品種は19世紀頃まで残っていたようですが、その後流行したコーヒーさび病（158頁）で全滅しました。

ジャワコーヒーのはじまり

ヨーロッパの列強で、最初にコーヒー栽培に手を出したのはオランダでした。オランダ東インド会社は1619年にインドネシア・ジャワ島のバタヴィア（現在のジャカルタ）を占拠し、ここを中継点として交易を行います。しかし、17世紀半ばに中継交易に翳りが見えはじめたため、植民地の住民に、指定した作物を栽培させ、安く買い上げて利益を得る方針に切り替えました。

この「義務供出制度」——最初に実施されたジャワ西部高地の名から「プリアンガン制」とも呼びます——は当初、綿花で行われ、胡椒やインディゴ（藍）などの作物で行われました。その中でもっとも成功を収めたのが、コーヒーだったのです。プリアンガン高地の気候が栽培に適していたこと、他の作物に比べて栽培の手間が少ないこと、現地住民が焼き畑をした跡地でも栽培可能だったことが、その理由に挙げられています。

1690年、本格導入に先立って、アデンから1本の苗木が密かにバタヴィアのオランダ領事館に送られ、庭で試験栽培されました。これが記録に残るインドネシア初のコーヒーノキです。1696年にはインドのマラバールから送った苗木を、バタヴィア近郊の農園に植えますが、翌年の洪水で全滅したため、1699年に再送されて、やっと収穫にこぎつけます。

1706年、東インド会社はこのコーヒー豆が市場で通用するかどうかを確認するために本国に送り、このとき数本の苗木もアムステルダム植物園にサンプルとして送りました。その後、1711年にはジャワ産のコーヒー豆がオランダでオークションにかけられた記録があります。

オランダ東インド会社は輸送の途中にモカに立ち寄って価格調査を行い、ジャワ産コーヒーが有利になるような安値で販売する作戦を採りました。これが当たって、1715年頃にはモカを凌ぐ産地へと急成長を遂げていきます。

高貴なる樹

一方、フランスでは17世紀後半以降、宮廷やサロンでのコーヒー人気が高まり、さらにプロコップの登場により「カフェの時代」を迎えたことで、需要が急増していました。

当時のフランスは、主にレヴァントから地中海経由でコーヒー豆を輸入していましたが、あまりの人気の高さからフランス商人による買い占めが起こり、レヴァントでコーヒー価格が高騰。その余波でイスタンブルの人々が飲む分が足りなくなってしまいます。これに怒ったオスマン帝国がヨーロッパへの輸出を規制したため、今度はフランスで供給不足になってしまいました。

この当時、モカとの取引を行っていたのはオランダとイギリスの東インド会社でしたが、この頃フランスはどちらの国とも敵対していました。フランス東インド会社も遅ればせながらモカからの直輸入に乗り出しますが、途中でイギリス船による妨害を受けて難航します。そうこうしているうちにオランダがジャワでのコーヒー栽培に成功したというニュースが届き、フランスも自国の植民地で栽培しようと考えたのです。

1713年のユトレヒト条約で、じつに46年ぶりにフランスとオランダの間に和平が結ばれます。この記念として1714年、アムステルダム市長からルイ14世に1本のコーヒーの若木が贈られました。1706年にジャワからアムステルダム植物園に送られていた樹の子孫です。この樹は「高貴なる樹」と呼ばれて、パリで大事に育てられました。

コーヒーノキを手に入れたフランスは、1697年にスペインから獲得していた植民地サン＝ドマング（現在のハイチ）で栽培を始めます。「高貴なる樹」のお披露目が済んだ1715年には、さっそくハイチにコーヒーの苗木が持ち込まれました。

しかし栽培は難航し、またハイチではすでに砂糖やカカオの栽培が軌道に乗っていたこと、オランダやイギリスとの関係改善から緊急性が失われたこともあって、苦労の末に手に入れた割に、このときはさほど発展しませんでした。さらにその後1725年のハリケーンで、このときの樹の子孫はほとんど失われたようです。

コーヒーブレイク

アラブのジャスミン

「アラブのジャスミン、月桂樹の葉、その実を我々はコーヒーと呼ぶ」

これは、1713年にルイ14世から、コーヒーノキの栽培を仰せつかったフランス王立植物園（現在のパリ植物園）の教授、アントワーヌ・ド・ジュシューが書いた一節です。晩年のルイ14世はコーヒー栽培にご執心で、当初はパリ郊外の、マルリー城で栽培が行われました。ソリマン・アガとの一件で、内心含むところはあったのかもしれませんが、そこは老獪なルイ14世のこと、コーヒーの経済価値を十分認識していたと思われます。

後に「分類学の父」カール・リンネがコーヒーノキの学名を決める際、ド・ジュシューに敬意を表して「*Coffea arabica*（アラブのコーヒーノキ）」と名付けました。これが「アラビカ種」という名前の由来です。

苦労の末に温室栽培は成功し、1715年に宿願の植民地栽培のためハイチに送りますが、成果は奮わず、フランス領初のコーヒーの座は、ブルボン（後述）に奪われます。

またルイ14世も結局、コーヒー栽培の成功を見ることなくこの世を去り（同年）、温室のコーヒーノキは王位とともにわずか5歳のルイ15世に引き継がれました。後に多くの愛妾に囲まれて「最愛王」と呼ばれた彼は、その樹から採れた豆でコーヒーを淹れて彼女たちに振る舞う、稀代の「コーヒー通」だったと伝えられています。

ド・クリューと「ティピカ」

1723年、フランスのナントからカリブ海に向かう1隻の商船に、ガラス箱を抱えた1人の海軍将校、ガブリエル・ド・クリューが乗っていました。そのガラス箱はいわば「簡易温室」で、中には小さなコーヒーの苗木が入っています。若い貴婦人に王室付きの侍医ド・シラクを籠絡させ、彼を介してパリ植物園から密かに入手していた苗木でした。

1人と1本の航海は苦難の連続でした。海賊船から辛くも逃れ、悪天候に翻弄され、また怪しいドイツ訛りのフランス人乗員が彼の「栄誉ある挑戦」を失敗させようと妨害します。さらにもうすぐ到着という頃に船に積んでいた水が底を尽き、彼は自分の飲み水として配給された分を樹に与えます。

そして船はカリブ海の小島、マルティニーク島に到着し、彼はその地にコーヒーノキを植えました。すると、その樹は驚くほどの勢いで育ち、多くの実を付けて子孫を増やしました。これが中南米の品種「ティピカ」の始まりです……というのが、この物語の典型的な顛末です。

ただしこの冒険譚はド・クリューの自伝によるものなので、どこまで本当なのかはわかりません。彼は1723年にマルティニーク島に到着した後、翌年には、その北に位置するグアドループのマリー・ガラント島の市長に着任し、1737年から1753年までグアドループの長官を務めた人物です。1725年にこの一帯を巨大ハリケーンが襲った後、コーヒーの苗木を供出し、栽培を奨励して復興を図りました。このときハイチにも彼のコーヒーノキが伝わっています。

1725年以降、西インド諸島のフランス植民地であるマルティニーク、グアドループ、ハイチでのコーヒー生産が飛躍的に増加します。特にハイチでは、1715年頃からカカオ農園で大虫害が相次いでいたところに、1725年のハリケーン、そして1727年に見舞われた大地震でプランテーションが崩壊し、代わってコーヒー栽培が急成長しました。

コーヒーの本家モカやジャワと比べるとヨーロッパからカリブ海への航路は短く、それが価格競争に有利に働きました。このおかげで1730年代のフランス人たちはコーヒーに不自由することがなく、かつてコーヒーを買いに行っていたレヴァントに、フランスからイスラーム向けのコーヒーが「逆輸出」されるほどでした。1750年にはハイチが世界のコーヒー生産の半分を占める世界最大の産地になっています。

ブラジル伝播はロマンスの結果!?

ド・クリューが1723年に伝えたマルティニークのコーヒーは、しばしば中南米のコーヒーの始まりと言われますが、実際にはそれ以前に伝わっていた国が2つあります。

一つは先述した1715年のハイチ。もう一つはスリナム（オランダ領ギアナ）です。1718年にオランダが、植民地支配していたスリナムにアムステルダム植物園のコーヒーを送って、奴隷制による栽培を始めています。ただ、ハイチと同様、ヨーロッパへの近さが価格競争に有利だったものの、あまりの過酷な環境に多くの奴隷たちが逃亡したため、他の産地と比べて出遅れることになりました。

この当時、ギアナ地方は西からイギリス領（現在のガイアナ）、オランダ領（現在のスリナム）、そしてフランス領ギアナの3つに分割統治されていましたが、その領有を巡ってヨーロッパ列強の争いが絶えない地でした。フランス領ギアナはコーヒー栽培を行いたかったのですが、隣国スリナムはコーヒーノキをくれません。

そんな折、フランス領ギアナの領事のもとに、スリナムに住む「ムールジュ」という男から連絡が入ります。この男、じつはフランス領で罪を犯して追手を逃れるためにスリナムに逃亡していたのですが、残してきた恋人に会いたくなり、スリナムのコーヒーノキを盗み出してくるから恩赦して欲しいと領事に交渉を持ちかけたのです。この企みはまんまと成功し、1722年にフランス領ギアナでもコーヒー栽培が始まりました。

その後1727年、スリナムとフランス領ギアナが一触即発になったため、フランス領ギアナの東隣で中立の立場にあったポルトガル領ブラジルが仲裁に入って会談を行うことになりました。ブラジルからはフランシスコ・デ・メリョ・パリェタという官吏が選ばれて、フランス領ギアナに向かったのですが、じつはこのとき、彼はブラジルにコーヒーノキを持ち帰るという密命を帯びていたのです。

そこで彼は一計を案じます。じつはこのパリェタ、かなりのジゴロだったらしく、すぐにフランス領事夫人と懇《ねんご》ろになりました。すっかり彼の虜になった夫人は彼から密命を打ち明けられ、2人で策略を練ります。

会談が無事終わり、ブラジルに戻るパリェタに夫人は、お別れの席で花束を手渡します。この花束に5本のコーヒーの若木をこっそり忍ばせていました。この若木がブラジル北部のパラ州に植えられて、1727年、後のコーヒー大国ブラジルにコーヒーノキが伝わったと言われています。

ただ、これらのエピソードも後世の創作ではないか、実際にはパリェタが金を積んでこっそり買ってきたのでは、とか、そもそも入ってきたのはもっと遅いのではないかという説もあります。ですが、世界一のコーヒー大国を自任するブラジルの人々にとって、自分たちのコーヒーが他の中南米の国々とは違うルートで、しかも情熱的なロマンスの結果として伝わったという説話は、ある種の誇りをもって受け入れられているようです。

盗み出さなかった唯一のコーヒー「ブルボン」

こうして見ると、ババ・ブダンに始まって、ド・クリュー、ムールジュ、パリエタと、ティピカが広まる歴史は、いかに騙しとり、盗み出したかという話の連続でした。一方、ティピカと並ぶ二大品種のもう片方、ブルボンはどうだったのでしょう。

イエメンでは、コーヒー栽培を独占するために種子や苗木の譲渡を禁止していたと言われていますが、じつはブルボンだけが例外です。正統な手続きを踏んで、しかもイエメンの国王直々にフランスの商人に譲渡されています。当時のイエメンを支配していたのはラシード朝の国王、アル＝マフジ・ムハンマド（在位1689〜1718）です。彼は伝統や格式が大嫌いで、型破りかつワンマンな国王だったと伝えられています。

1712年、フランスからの使節団がイエメンを訪れたとき、日本で信長が外国人宣教師たちを面白がったのと同じように、彼も使節団に拝謁を許しました。ところが、このときに王が中耳炎をこじらせてしまいます。そして、たまたまフランス使節に同行していた医者がそれを治したことで、国王はすっかりフランスびいきになってしまったのです。後年、コーヒーノキが欲しいというフランスの願いを受けた国王は、1715年、アンベールという名のフランス人商人にコーヒーの苗木を下賜《かし》しました。それも1本や2本じゃありません。さすが国王、なんと一気に60本という大盤振る舞いです。

苗木を積んだ船は、フランス東インド会社が新たな植民地として開拓中だったブルボン島(現在のレユニオン島)に向かいました。60本あった苗木は過酷な船旅で枯れてしまい、島にたどり着いたのは20本だけでした。

それがブルボン島に建てられていた修道院の庭先に植えられましたが、イエメンよりも南緯が高くて気温が低くなるなど、気候が大きく違っていたので、根付いたのは2本だけ。しかも1本は翌年に枯れてしまいます。しかし、残った1本に出来た種子から子孫が増え、ブルボン島はフランス領初のコーヒー生産地になりました。このときの樹の子孫が「ブルボン」です。

ちなみに島の名前は、ブルボン王朝にちなんで名付けられた後、フランス革命でブルボン朝が倒れた第一共和制時代に「レユニオン島」に改名し、ナポレオン帝政で「ボナパルト島」、ブルボン復古王政で、またブルボン島、第二共和制で、またレユニオン島と名前を変え現在に至るという、何ともわかりやすい変遷を遂げますが、コーヒーの品種名はずっとブルボンのままです。

18世紀中に中南米へ広まったティピカに対し、ブルボンはもっぱらブルボン島だけで栽培されつづけます。後にそれがブラジル・サンパウロに移植されて、「二大品種」の名に恥じない広がりを見せていくのですが……それには19世紀まで待たねばなりません。

コーヒーブレイク

アラビカ種、伝播のカギ

コーヒーノキはみるみる世界中に広がっていったわけですが、そこには伝播を可能にした「秘密のカギ」が存在します。それはアラビカ種が自家受粉可能であるという点です。じつはコーヒーノキの多くは、他の樹から受粉しないと種子ができない「他家受粉」型の植物です。もう少し細かく言うと、コーヒーノキ属は、①雄しべや雌しべが花弁より長くて外にはみ出すタイプ（１０４種）と、②筒状の花の内部に雄しべと雌しべが収まるタイプ（21種）の2つに大別でき、前者は花粉を風で飛ばして他の樹に受粉させる「他家受粉」型、後者は花の内側で受粉する「自家受粉」型になります。アラビカ種の祖先に当たるロブスタ種もユーゲニオイデス種も、またリベリカ種も前者に含まれます。

ところが、アラビカ種は前者のタイプなのに自家受粉が可能な「変わり種」なのです。このような、進化の過程で他家受粉型から自家受粉型に変わる現象は、異種間の交配で新種が生まれるときに、ときどき見られ、アラビカ種もロブスタ種とユーゲニオイデス種が交配して生まれたことで、この性質を獲得したと考えられています。ティピカやブルボンが広まっていく過程では、たった1本の苗木、たった1粒の種子が渡っていくことがありました。それでも伝播が可能だったのは、自家受粉可能なアラビカ種だったからに他なりません。これがもし、ロブスタ種などだったなら、一度に数十本を同時に移植しないと、子孫を残すどころか、そもそも種子にあたるコーヒー豆すら出来ないのですから、栽培が広がることはなかったでしょう。

コーヒーは「金のなる木」

コーヒーノキは、18世紀中に東南アジアと中南米諸国に行き渡りました。現在アラビカ種を栽培している国のうち、オセアニア（ハワイ、パプアニューギニア）と東アフリカ（ケニア、タンザニア）などを除く主な地域では、この時代に栽培を開始したことになります。

なぜこんなにも多くの国や地域で、この時代にコーヒー生産が始まったのでしょうか？ヨーロッパは当時、第二次百年戦争（1689〜1815）のまっただ中で、海外植民地を巡って争いつづけていました。中南米やカリブ海は「三角貿易」の一角となり、ヨーロッパ諸国は、アフリカから連れてきた奴隷たちを酷使して収益を上げることに腐心していたのです。特に自国でのコーヒーハウスやカフェの大流行を見ていたヨーロッパ人の瞳にはきっと、コーヒーノキが「金のなる木」として映っていたに違いありません。

ただし、栽培ははじめても、すぐに産業レベルで確立できた国は、そこまで多くはありません。標高が高い地域でのみ育つコーヒーを輸出産業として成立させるには、産地から港までの輸送が容易な地形であるか、もしくは輸送に十分なインフラ整備が必要になります。このため、当時は砂糖などのライバル作物を選択する国が多数派だったのです。

18世紀初頭をリードした産地はオランダ領のインドネシア（ジャワ）で、フランス領のレユニオン島（ブルボン島）がそれを追い、モカの独占体制は完全に失われます。18世紀中頃には、これらの東インド航路上の産地に、オランダ領のスリナム、フランス領のハイチ（サン＝ドマング）といった西インド航路上の産地が加わりました。そしてヨーロッパへの輸送費の安さから低価格化を実現して台頭し、以降はハイチとスリナムが、生産量1～2位を争うことになります。

現代人の感覚では、コーヒーノキの伝播は、確かに「騙しとり、盗み出し」の連続に見えるでしょう。しかし、他国からの私掠（海賊）行為を国家が認めていたこの時代、それは異教徒や敵対国から、「お宝」であるコーヒーノキを奪って国益を上げるという、愛国的で英雄的な冒険でもあったのです。

6章　コーヒーブームはナポレオンが生んだ？

もし「コーヒーにもっとも影響を与えた歴史上の人物は？」と聞かれたら、誰の名前を挙げるでしょうか？　ザブハーニーにルイ14世、ド・クリューも捨てがたいですが、私が真っ先に名前を挙げたい人物がいます。何を隠そう、かのナポレオンです。彼の登場から始まる19世紀、コーヒーを取り巻く世界はどう変わっていったのでしょうか。

大陸封鎖によるコーヒー不足

カフェ・ド・フォワでの演説が口火を切ったフランス革命により、フランスの絶対王政は幕を閉じました。そして１７９３年にルイ16世が処刑されたことで、自国に革命思想が波及することを恐れたオーストリアやイギリスなど周辺諸国が、対仏大同盟を結成してフランスに攻め入り、革命政府を潰しにかかります。

この同盟軍との戦争で頭角を現したのが、ナポレオンです。彼は１７９９年の軍事クーデターで実権を掌握するや反攻に転じ、フランスのみならずヨーロッパ大陸部全体をその勢力下におさめていきました。そして１８０６年、敵対するイギリスへの対抗策として、ナポレオンは「大陸封鎖令」を発布します。彼は、この当時「世界の工場」と呼ばれていたイギリスを経済的に追いつめようと、ヨーロッパ大陸を丸ごと「封鎖」して、海外との輸出入を完全に停止したのです。

これによってヨーロッパで特に不足したもの、それは植民地からの輸入品である砂糖と、そしてコーヒーでした。そこでナポレオンはヨーロッパで入手可能な材料から、砂糖やコーヒーを作るための科学研究を奨励します。砂糖については、まもなくヨーロッパ産のテンサイ（サトウダイコン）から作る技術が実用化されたのですが、コーヒーの代替品が見つかりません。香味はある程度似たものがあったのですが、覚醒作用まで得られるものが見つからなかったのです。

結局、ヨーロッパの大陸全土が深刻なコーヒー不足に陥り、ドイツでフリードリヒ2世のコーヒー禁止令時代に考案されていた、チコリや大麦などの代用コーヒーが、フランスでも一般的な飲みものになったのです。

なお、コーヒーの覚醒作用の本体がカフェインで、そもそもヨーロッパの植物には存在しない、代用不能な成分だと判明したのはナポレオン戦争の終結後。1819年にフリードリープ・ルンゲが、文豪ゲーテにもらったモカの豆からカフェインを発見した後です。

ナポレオンの大陸封鎖令は、結果的に見て完全な失策でした。じつは当のイギリスにあまり損害がなかったばかりか、イギリスの工業製品や他国からの輸入品を求めるヨーロッパ諸国やフランス国民の不満が募り、やがてナポレオン失脚を招くことになったのです。哲学者カール・マルクスも、後に、「大陸封鎖による砂糖とコーヒーの不足が、ドイツの人々をナポレオン打倒に駆り立てた」と記しています。

ナポレオンの置き土産

ヨーロッパへの影響だけを見ると、ナポレオンはそれまで順調だったコーヒーの普及に歯止めをかけただけで、それほど大きな影響を与えたようには見えません。しかし彼が起こした一連の戦争はヨーロッパ各国に混乱をもたらし、それが列強の支配する植民地にまで波及していきます。

オランダは1793年にフランス革命軍に占領された後、いくつかの傀儡国家が置かれましたが、1810年にはナポレオンによってフランスに併合。これにともない、オランダ東インド会社は解散し、コーヒー生産地インドネシアも本国の消失によって、一時的にイギリスの植民地になりました（1811〜1816）。

また、スペイン独立戦争（1808〜1814）は、最終的にスペイン・ポルトガル・イギリス連合軍側の勝利に終わったものの、スペインとポルトガルの弱体化を招き、中南米の植民地が独立する契機になりました。特に戦時中にポルトガルの亡命政府が置かれたブラジルは、中南米のなかでも一足早い、経済的・文化的な発展を遂げていきます。

その後、独立を果たした中南米の国々は産業振興を進めますが、植民地時代に主要作物だった砂糖は、大陸封鎖時のテンサイ糖実用化で価格が下落していました。そこで中南米諸国は続々とコーヒー生産に乗り出し、やがて主要産業に発展していきます（7章）。

ナポレオンは1815年、ワーテルローの戦いに敗れてセントヘレナ島に流刑され、1821年にその生涯を終えます。死因は胃癌だったとも、ヒ素による毒殺もしくは中毒死（壁紙のヒ素系塗料をカビが分解して発生した有毒ガスを吸いつづけたため）だったとも伝えられます。

ナポレオン自身も大のコーヒー好きだったとか、コーヒー通だったと言われますが、彼に関する逸話には脚色が多く、実際は、よく分からないのが正直なところです。もともと美食にはあまり関心を示さず、部下に宛てた手紙の中でチコリの代用コーヒーを絶賛していたことからも、「コーヒー通」と言うほどのこだわりはなかったのかもしれません。

ただ、流刑中のセントヘレナでは毎食後に欠かさずコーヒーを飲んでおり、亡くなる数日前にもコーヒーが欲しいと訴えて、主治医からスプーンに数杯のコーヒーを飲む許可を取り付けたと言いますから、なかなかのコーヒー好きだったことは間違いないでしょう。

その後、さらに病状が悪化したナポレオンの様子を、彼の誠実な配下だったマレシャル・ベルトランは次のように記しています。

その朝、彼はコーヒーを飲ませてくれと二〇回ほども頼んだ。

「だめです」

「医者はスプーン一杯ならば、許してくれるのではないだろうか？」

「だめです、とにかくいまはだめです。あなたの胃は大変悪くなっているから、おそらく吐いてしまいますよ」

（アントニー・ワイルド『コーヒーの真実』三角和代訳、171頁）


かつて世界のコーヒーを動かした偉大な皇帝も、最期はたったスプーン一杯のコーヒーを自由に飲むこともままならずに、波乱に満ちた人生の幕を閉じたのです。

第一次コーヒーブームの幕開け

ナポレオンの失脚後、ウィーン体制がもたらした平穏がヨーロッパに再びコーヒーの火を灯《とも》します。第一次コーヒーブーム（1820〜1840年代）の幕開けです。大陸封鎖が解かれたことで、待ちわびていた「本物のコーヒー」が復活し、ヨーロッパ全土でそれまでの不足を取り返すかのような消費拡大がおきました。1820〜1830年代のブラジルでの増産（149頁）による価格低下も、このブームを後押ししていきます。

ブームの中心になったのは中産階級の市民や知識人たちです。ウィーン体制で王政が復活したヨーロッパ諸国では、市民の自由は制限されていましたが、それ以上に長く続いた戦乱が終わったことへの安心が大きく、平穏な時代を謳歌したいという想いが民衆に広まっていました。

その想いが、バロックやロココのような貴族趣味ではなく、日常生活の快適さと安らぎを求める市民文化、「ビーダーマイヤー」の時代（1815〜1848）をもたらします。その中心になったオーストリアでは気軽に楽しめる音楽や舞踏、特にワルツが市民たちの間で流行し、ウィーンではカフェがワルツを聴いたり踊ったりする場となって、この時代に全盛期を迎えました。

またフランスでは、1830年の七月革命で復古ブルボン朝が打倒されて立憲君主政に移行し、ブルジョワジーが社会の主役になって市民文化が盛り上がりました。

ビーダーマイヤー時代のヨーロッパ市民は、シンプルで使いやすい家具に囲まれて一家団欒の時間を過ごし、休日は森に出かけて自然とふれあい、時には気の置けない友人たちとおいしい食事や酒を楽しむ……そんな何気ない暮らしに至上の喜びを見いだしました。

そして、それはコーヒーの飲み方も変化させることになります。それまでカフェに行って飲むことが多かったコーヒーを自宅で淹れる機会が増え、人々はコーヒーに一層の「おいしさ」を求めるようになったのです。『美味礼讃』で有名なフランスの美食家ブリアーサヴァラン、ベートーヴェンにバルザック……多くの有名人たちもコーヒー豆の産地や抽出方法にこだわり、「おいしいコーヒーとは?」と、持論を繰り広げました。

例えばブリアーサヴァランは、アラビア産の豆(モカ)は他とは別格だということや、「ドゥ・ベロワのポット」という抽出器具で淹れたドリップ式のコーヒーが最良だと主張しました。またベートーヴェンは毎朝、自分でコーヒーを淹れることを日課にしていましたが、コーヒー豆を正確に60粒数えて愛用のコーヒーミルで挽いて淹れることにこだわっていたと伝えられています。

バルザックもブリア・サヴァラン同様、ドリップ式を愛好し、モカ、マルティニーク、レユニオン島の3つの産地のコーヒーを、それぞれ別々の店で煎ったものを買い集めて、ブレンドするほどのこだわりようでした。ブルボン王朝時代のフランスを代表する3つの産地というあたりが、王党派だったバルザックらしいセレクションかもしれません。彼の執筆スタイルは、コーヒーを大量にがぶ飲みしてから夜通し小説を書き続けるというもので、あるときなど1日50杯(!)ものコーヒーを飲んだという逸話が残っています。

その後、「諸国民の春」とも言われる1848年にヨーロッパ各地で革命が勃発し、ビーダーマイヤー時代は終焉に向かいます。またコーヒー消費も革命によって一時的に停滞し、ブームは一旦の収束を迎えることになったのです。

新しい抽出器具ブーム

さて、ブリア＝サヴァランやバルザックなど、この時代のコーヒー通に高い評価を受けていたのが「ドゥ・ベロワのポット」。1800年頃にパリ聖堂の大司教、ジャン・バプティスト・ドゥ＝ベロワが考案した器具で、ペーパードリップやネルドリップとして現在もっとも普及している「ドリップ式」の原点にあたります。それまでコーヒーの抽出法は、①トルコから伝わった、粉と水を火にかける「煮出式」と、②18世紀のフランスで考案された、粉をお湯に浸けて成分を出す「浸漬式」の2つが主流でしたが、第一次コーヒーブームのコーヒー通たちがいろいろ試した結果、当時最新のドリップ式に軍配が挙がったかたちになります。このドゥ・ベロワのポットに類似の器具は「フレンチドリップポット」と総称され、以後フランスではこの方式が主流になりました。

この時代のヨーロッパでは、ほかにもいろいろな抽出器具が発明され、特許取得されました。蒸気圧を利用してお湯を上下させる仕組みを初めて取り入れた、モカポットの原型（1819年、フランス）や、ガラス球を2つ組み合わせたかたちのコーヒーサイフォン（1830年代、ドイツ）、コーヒープレス（19世紀半ば、ドイツ）など、現在見られる抽出器具のほとんどは、その起源をこの時代まで遡ることが可能です。暮らしの中での使い勝手やおいしさを求めた新しい抽出器具の開発は、まさに実利性を重視したビーダーマイヤー時代ならではのものだと言えるでしょう。

第二次コーヒーブームの到来

1830年代に入ると、イギリスからヨーロッパ大陸へ産業革命の波が押し寄せます。その結果、都市で働く工場労働者が増加して、貴族階級でも中産階級でもない労働者階級の成立を招きました。その後、1848年の相次ぐ革命やクリミア戦争（1853〜1856）でウィーン体制が崩壊し、労働者階級が社会に台頭した結果、コーヒー飲用の裾野がさらに広がります。

第一次ブームの中心となった中産階級の市民たちがコーヒーに「おいしさ」を追求したのに対し、厳しい労働と貧困の中で働く労働者たちにとって、おいしさなど二の次でした。彼らの多くは、安価で手に入り、眠気や疲労を和らげてくれる「カンフル剤」のようなものとしてコーヒーを飲みはじめ、それが習慣化して手放せなくなり、大量に消費するようになっていきます。

この消費拡大に拍車をかけたのがアメリカです。アメリカでは1857年の金融恐慌でコーヒー消費が一時低迷し、1860年代前半の南北戦争でも当初は消費が落ち込みましたが、北軍では兵士たちに戦地でコーヒーが支給され、数少ない安らぎの一つになりました。なお南軍はコーヒー不足で、タンポポなどの代用コーヒーを飲んでいたようです。戦後、故郷に帰ってからも兵士たちはコーヒーを愛飲しつづけ、ヨーロッパ同様に大衆の消費が拡大。ついには世界最大の消費国へと成長していきます。

そして1870年代から1880年代、アメリカやドイツ（1871年にドイツ帝国成立）で急速に工業化が進み、著しい経済発展を遂げました。工業労働者の急増でコーヒー消費はますます増加しますが、一方で比較的裕福な層にも、生活水準の上昇によってコーヒーを楽しむゆとりが生まれます。こうしてかつてない勢いで、コーヒー人気が拡大していきました。第一次をはるかに上回る規模の「第二次コーヒーブーム」の到来です。

これを受けて、ブラジルをはじめとする生産諸国は増産を行い、その好調を見て、それまで栽培を行っていなかった中南米の国々も、続々とコーヒー生産に参入します。コーヒーを巡って膨大な金額が動くようになり、コーヒーは世界経済や生産国の政治にも大きな影響を与える存在へと急成長していったのです。

ブームを支えた技術革新

この時代にコーヒーが大量消費されるようになった背景には、その少し前に、コーヒーの大量供給を容易にするような、いくつかの技術革新があったことが関係しています。

一つはアメリカで焙煎機の改良が相次ぎ、大量焙煎が可能になったことです。その最初のブレイクスルーは、１８４６年にボストンでジェームス・カーターが開発した「引き出し式」焙煎機だと言われます。それまでの焙煎機は、円筒形をした金属製の釜（ドラム）の中にコーヒー豆を入れ、それをかまどの上で回転させながら焙煎し、終了後は２人がかりで火から下ろして豆を取り出すのが一般的でした。これに対してカーターは、かまどの横にいくつか穴をあけ、そこにドラムを挿入して焙煎し、終わったものから順番にドラムごと「引き出す」焙煎機を発明。これにより大量焙煎時代の幕を開けます。

そして、次なるブレイクスルーが「バーンズ焙煎機」。１８６４年にニューヨークのジャベズ・バーンズが開発したものです。その最大の工夫は、円筒形のドラムの一端に「取り出し口」を付けたこと。「たったそれだけ？」と思うかもしれませんが、これこそまさに「コロンブスの卵」。この改良によって、ドラムをかまどから取り外すことなく、焙煎が済んだ豆だけを取り出し、次の生豆を投入する連続焙煎が可能になったのです。これが現在も使われているドラム式焙煎機の元祖にあたります。

これらの焙煎機の出現で、１８６４年からニューヨークのアーバックル社、ボストンのチェイス＆サンボーン社など、焙煎業を営む大会社が現れました。大規模な焙煎会社の設立は、アメリカのコーヒー業界独自の特徴だといえるでしょう。

生産国側でも、１８４５年にジャマイカで発明された水洗式精製が生産拡大の一因になりました。それまでは収穫した果実を天日乾燥させてから中の豆を取り出す、乾式精製が一般的でしたが、収穫時期に雨が多いカリブ海地域では乾燥に時間がかかり、途中で腐ってしまうこともありました。そこであらかじめ、果肉をある程度削り取って水槽に一晩漬け、水中微生物の働きで果肉を部分的に分解してから洗い流す方法が考案されたのです。大量の水を必要とするものの、乾式では1週間以上かかる工程が2〜3日に短縮され、より多くの生豆を処理できるようになります。特に１８５０年にイギリスでパルパー（果肉除去器）が開発されてからは、水の便が悪いブラジル、イエメン、エチオピアを除く多くの産地で採用され、生産量拡大につながりました。

そして、いちばん忘れてならないのが輸送や流通面の改善です。19世紀後半に世界各国で発達した鉄道網は、コーヒーの輸送にも一役買うことになります。特にコーヒーは高地で育つ作物であるため、産地と輸出港までを結ぶ輸送方法の確立は、生産国にとって必須要件の一つでした。もちろん消費国でも鉄道網の整備は重要でしたが、それに加えて包装技術の発達も流通のカギになります。１８６２年に当初ピーナツ用に開発された紙袋がコーヒーにも用いられるようになったほか、１８７６年にはチェイス＆サンボーン社が密閉式の缶入りの焙煎豆を発売しています。

これらの技術革新で、コーヒーは多くの消費者に届けられるようになり、値段も下がって身近で日常的な「普及品」になっていきました。それによって、消費の中心になりつつあった労働者階級をはじめとする一般大衆層に、ますます受け入れられていったのです。

史上最大の反コーヒーキャンペーン

19世紀末のアメリカ社会では、ライバル会社の製品を名指しで非難しつつ自社製品を売り込む「中傷型広告」が当たり前。コーヒー会社もその例に漏れず、ライバル会社のコーヒーが健康に悪いと貶《おとし》めるため、虫の這う汚い樽で売られている横に「うちの子の死因がわかったわ」と叫ぶ女性を描いた、強烈なチラシをばらまく会社もあったほどです。

こうしてコーヒー会社同士が足をひっぱりあう中、1人の男が現れます。C・W・ポスト。「コーヒーと健康」をネタにして、歴史上もっとも荒稼ぎした人物です……とは言っても、健康番組のように「コーヒーが健康にいい」と主張したのではありません。その反対に「コーヒーは体に悪い」と主張して、大儲けした人物なのです。

彼は元々やり手のビジネスマンでしたが、働きすぎがもとで神経衰弱に陥り、1890年にケロッグ博士の療養所で治療を受けました。日本ではコーンフレークの発明者として知られるケロッグ博士（現在のケロッグ社は、彼と袂を分かった弟が引き継いだ会社）はキリスト教系新宗教、セブンスデイ・アドベンティスト教会の付属療養所の医師で、肉や刺激物を避けてシリアルと野菜中心の食事にすれば万病が治ると唱え、「健康食の教祖」と言われるほど極端な食餌療法を実践していました。そんな博士が特に目の敵にしたのがコーヒーで、穀物から作る「カラメルコーヒー」という代用飲料を発明し、自分の患者に推奨していました。

C・W・ポストは博士の下で食餌療法を続けたものの病状は改善せず、従姉の勧めで今度は「病気を治すのは医薬ではなく信仰である」という教義の新宗教、クリスチャン・サイエンスに縋《すが》ります。食事制限をやめたのが彼には合っていたのか、みるみる回復し、自らの体験談を『I am Well（私は治った！）』という本に著します。この本がヒットして彼は療養所を建てて独自の治療を始めました。

1895年に彼は事業を軌道修正してポスタム・シリアル社を設立、ケロッグ博士のところで盗み見た製法を元に、代用コーヒー「ポスタム」を発売します。そして「コーヒーやカフェインは神経症の原因」と激しいネガティブキャンペーンを展開した結果、一大社会現象にまで発展。ポスタムは売れに売れて、彼は億万長者にのし上がったのです。しかし彼の唱えた「コーヒー／カフェイン害悪論」は何の医学的根拠もないものでした。

し、それでも一度、時流に乗って広まったが最後、欧米社会にすっかり染み付いてしまい、近年の疫学調査のおかげで、やっとその呪縛が解かれつつあるのが現状です。

こうして社会的に大成功したＣ・Ｗ・ポストですが、皮肉なことに１９１４年に神経症を再発。入院先の病院で失意のうちに自殺してしまいます。

彼の事業は娘婿に引き継がれ、１９２８年には当時コーヒー業界トップの会社を買収して、あれほど叩いていたコーヒー事業に参入しました。その翌年にはゼネラルフーヅ社に改名、その後クラフト社などとの合併や買収を繰り返し、現在世界3位の食品会社、モンデリーズにつながっています。なお日本のコーヒー会社、味の素ＡＧＦ（ゼネラルフーヅ）も合弁会社として生まれた関連企業の一つで、今ではそこがトクホ（特定保健用食品）認定されたコーヒーを売っているのですから、時代の変化は不思議なものだとつくづく思わされます。

7章　19世紀の生産事情あれこれ

ナポレオンの登場や第一次、第二次ブームで、コーヒーの世界が大きく様変わりした19世紀。消費国だけでなく、コーヒー生産諸国もそれぞれ大きな転換期を迎えることになりました。それぞれの産地が辿った運命を、国別に見てみましょう。

港の衰退とブランドの存続——モカ

かつてコーヒーの輸出を独占していたイエメンのモカ港は、18世紀以降ジャワやハイチなどの新興産地に押されていきますが、当時の東インド産コーヒーはモカ、レユニオン島、インドネシアの順に値付けされており、伝統あるモカコーヒーは最高級品として扱われていました。

しかし19世紀に入ると、イエメンは諸外国の侵攻に晒《さら》されます。まず1832年にエジプト（ムハンマド・アリー朝）の反乱兵たちが、モカとその北に位置する港町、ホデイダを占拠しました。イエメンのラシード朝はその鎮圧に失敗し、エジプトから派兵された正規軍が何とか制圧します。ところが今度は、このエジプト正規軍がそのままモカとホデイダを占拠し、コーヒー交易の独占をもくろんだのです。

1839年になると、今度はイギリスがアデンを含む南イエメンを植民地化し、アデン港を近代化してコーヒーの交易拠点にしました。これに対して1849年、オスマン帝国がエジプト軍やラシード朝を制して、モカやホデイダを含む北イエメンを占領します。これによりイエメンは、イギリス領とオスマン領の南北に分断され、この体制が1990年の南北統一まで続きます。

こうして19世紀前半にはイエメンのコーヒーは、モカだけでなくホデイダやアデンからも輸出されるようになりました。ただし、どの港から出荷されても、取引時には「モカ」と呼ばれていました。どの港から積み出しても中身は結局同じですが、モカの名前を付けるだけで高値がついたからです。この時からモカは単なる輸出港の名前ではなく、一つの商標名になりブランド化したと言えます。

皮肉なことにこれとほぼ同じ頃、モカ港には潮流で運ばれてきた砂が堆積し、港として使い物にならなくなりました。結局はオスマン領ホデイダとイギリス領アデンだけが「モカ」の輸出港となり、そのブランド名を受け継ぎました。現在のモカには繁栄した往時の面影はなく、廃墟だけが残っています。

フランスのコーヒー植民地の衰退――ハイチとレユニオン

18世紀後半のアメリカの独立とフランス革命は、当時ヨーロッパに植民地支配されていた中南米の国々にも独立の気運を高めました。その最たる例が、フランスが領有していた当時最大のコーヒー産地、ハイチです。1791年、ハイチの黒人奴隷が自由を求めて革命を起こし、奴隷制復活を目指して派兵されたナポレオンの遠征軍にも勝利して、1804年に世界初の黒人奴隷の革命政権として独立を果たしたのです。

しかし、奴隷制によって支えられていたコーヒー産業は、この革命で完全に破綻しました。さらに独立承認の見返りとして、フランスに支払う賠償金によって、ハイチ政府は困窮がつづき、これ以降はかつてのコーヒー大国に返り咲くことはありませんでした。

ハイチの衰退後、フランス領のコーヒー生産を支えたのは、西インドのマルティニークとグアドループ、東インドのレユニオン島ですが、いずれも栽培規模はそれほど大きくなく、ハイチの後を補うには力不足だったと言わなければなりません。またレユニオン島は19世紀中に何度か大きなサイクロンに見舞われて、そのたびに生産が縮小します。他の産地が台頭した19世紀後半には生産量はわずかなものになり、その後20世紀初頭には輸出がなくなりました。

ナポレオンが生んだ最大生産国——ブラジル

1806年のナポレオンの大陸封鎖令に従わなかった国の一つがポルトガルです。これに怒ったナポレオンの侵攻を受け、1808年にポルトガルの王族はイギリス艦隊に護衛されながら、植民地ブラジルのリオ・デ・ジャネイロに亡命しました。こうして、ポルトガルの暫定的な首都となったことでリオの産業やインフラが発展し、リオから120キロほど離れたパライーバ峡谷の街・ヴァソーラスを中心にコーヒー栽培が盛んになります。

ブラジルでは16世紀からポルトガル人が、アフリカ奴隷を労働力にした砂糖プランテーションで巨額の収益を上げており、この地域でも、もともとは河岸段丘の肥沃な土壌を利用したサトウキビ栽培が行われていました。しかし、大陸封鎖時のテンサイ糖実用化で砂糖の価格が低下したため、砂糖の生産のシステムがコーヒーに流用されたのです。

こうして奴隷の労働力と肥沃で広大なアマゾンの土地を武器に、ブラジルは大農園方式でコーヒーを大量生産し、ハイチに替わる一大産地になります。そして1822年、ブラジル帝国としてポルトガルから独立を果たし、第一次コーヒーブームを牽引しました。

ブラジルのコーヒーは、ハイチやジャワのような植民地栽培でもなければ、19世紀後半のモカのような交易港の独占もなかったため、各国が自由に輸入できたこともシェア拡大に有利に働きました。特にアメリカでは、東インドより輸送費が少なく安価なブラジルのコーヒーが好評を博します。ヨーロッパでも、1830年にドイツのハンブルクがブラジルからの輸入を開始し、第二次ブームの頃にはアムステルダムやロンドンを越えるヨーロッパ最大のコーヒー輸入港として繁栄することになります。

19世紀半ばになると、ブラジルの生産事情に変化が生じます。大農園主が支配するリオを離れて、サンパウロを新天地として開墾する人々が現れたのです。この当時、農園からの表土流出が問題化していたリオに対し、サンパウロには「テラ・ローシャ」と呼ばれる赤紫色の肥沃な土壌が広がっており、いわゆる「略奪農業」方式で、アマゾンのジャングルを開墾すればいくらでも農園が作れました。この頃は国際的に奴隷の売買が禁止されていたため、サンパウロではいち早く多くの移民を受け入れ、彼らの労働力で生産を支えました。日本からも20世紀前半に、18万人以上が移民として渡航しています（194頁）。

新しい取り組みにも積極的だったサンパウロの農園主たちは、1858年にリオに持ち込まれていたレユニオン島の品種、ブルボンを導入します。これが当地の気候と非常にマッチしたため、サンパウロでの生産はみるみる増加しました。そして迎えた1870年代の第二次コーヒーブームで、大いに潤うことになったのです。

リオとサンパウロ、この2つの産地の明暗がはっきり分かれたのは1888年、2代皇帝ペドロ2世が奴隷解放令を出したときのことでした。依然として奴隷労働に頼りきり、これといった対策を講じていなかったリオでは、解放令がでるや否や、奴隷たちが文字通り「一夜のうちに」都会へと逃げ出してしまったのです。農園には赤々と実ったコーヒーの実だけが残され、誰に摘まれることもないまま腐っていってしまいました。こうして長く隆盛を極めたリオのコーヒー栽培は一気に破綻し、それと入れ替わりでサンパウロがブラジルのコーヒー生産をリードします。

また、この奴隷制廃止でブラジル帝国は支持を失い、1889年のクーデターで、連邦共和制のブラジル合衆国が成立しました。新体制下でサンパウロ州政府は、コーヒーの資金力を背景にして発言力を奮い、自分たちに有利な政策を推進していきます。そして、牧畜産業で経済成長したミナスジェライス州と交互に大統領を擁立する「カフェ・コン・レイチ（＝ミルクコーヒー）体制」と呼ばれる寡頭支配（〜1930）を確立していったのです。

コーヒーブレイク　緑の黄金

ブラジルではかつてコーヒーのことを「オウロ・ヴェルデ ouro verde」とも呼びました。ポルトガル語で「緑の黄金」という意味の言葉です。ポルトガル植民地となったブラジルでは当初、砂糖栽培が主要な産業でしたが、17世紀末に南東部のミナスジェライス州で金鉱脈が発見されたことでゴールドラッシュに沸き立ち、18世紀中はミナスジェライスのオウロ・プレト（「黒い黄金」の意）地区で採掘された金がリオ・デ・ジャネイロから輸出されました。その後、1808〜1821年の間、リオがポルトガル・ブラジル連合王国の首都になり、フルミネンセ（ヴァソーラス近郊）地区でのコーヒー栽培がさかんになります。

大農園《ファゼンダ》一面に整然と並べて植えられた深緑色のコーヒーの木々、あるいは薄緑色の生豆が、すでに採掘の限界を迎えていた金に替わって「オウロ・ヴェルデ（緑の黄金）」と呼ばれ、農園主《ファゼンデイロ》たちに莫大な富をもたらしました。現在、この周辺一帯は「ヴァーレ・ド・カフェ（コーヒー峡谷）」という名で歴史的な観光スポットとなっています。

19世紀前半にリオ近郊で栽培されていたコーヒーノキは、現地で「コムン」「ナショナル」と呼ばれていたティピカ系の品種で新芽はブロンズ色です。ピカピカに磨いた10円玉を思わせるようなその色と光沢もどこか金属的で、「緑の黄金」のイメージに結びついたのかもしれません。その後奴隷制の廃止に伴い、生産の中心はいち早く移民労働への移行に成功したサンパウロ州へと移ります。リオよりも緯度が高くて最低気温が低いサンパウロの気候には、同じく高緯度のレユニオン島から持ち込まれたブルボンが非常に適していたため、この新芽が緑色になる品種が主流となって、コーヒーはブラジル最大の産業として国の経済を支えつづけました。

20世紀に入ると生産過剰で「黄金時代」は終焉を迎えますが、現在もブラジルには「オウロ・ヴェルデ」という名前が付いた土地やホテル、会社がいくつもありますし、近年開発されたコーヒーの品種にも「オウロ・ヴェルデ」と名付けられたものがあります。

高品質志向のコーヒー先進国——コスタリカ

　ブラジル以外の中南米の産地にも目を向けてみましょう。19世紀前半、ブラジルとともに中南米をリードしたコーヒー生産国は、コスタリカです。コロンビアなどに比べて知名度が低く、あまり馴染みがない方も多いかもしれませんが、スペシャルティコーヒー（10章）にはコスタリカ産がしばしば見られます。19世紀当時から品質重視の高級志向だったコスタリカは、ある意味スペシャルティのはしりと言ってもいいでしょう。

　中南米の国々は、ナポレオンの侵攻で弱体化していたスペインの植民地支配から19世紀前半に独立し、1830～1840年代に分裂して生まれました。18世紀中にはコーヒー栽培が伝播していましたが、本格的に産業化したのは、この独立と分裂以降です。独立した国の多くは、植民地時代の産業で経済振興を目指しましたが、辺境の小国だったコスタリカは周囲との競争には勝ち目がないと考え、まだ中米では本格化していなかったコーヒー栽培に取り組んだのです。

　コーヒー立国を目指した当時のコスタリカにとって、最大のライバルだったのはブラジルです。しかし国土の狭いコスタリカではブラジルのような大農園が作れず、移民もより好条件の国に流れていったため、小地主や家族労働による小・零細農園が主流になりました。アメリカ市場向けではブラジルの生産量と価格に敵《かな》わないと早々に見切りを付けたコスタリカは、主にイギリス経由でヨーロッパ向けの高品質なコーヒーを輸出します。その後も薄利多売路線のブラジルとは対照的に、狭い土地を有効に使える品種や栽培法の改良、そして19世紀半ばに開発された水洗式精製もいち早く取り入れ、コスタリカは中南米屈指のコーヒー先進国に成長します。

ブルーマウンテンの起源

19世紀初頭にスペインからの独立を果たした中南米の他の国々は、ブラジルとコスタリカの成功を見て続々とコーヒー生産に本腰を入れだしました。19世紀半ばにはベネズエラやコロンビアが、第二次コーヒーブームの頃にはグアテマラ、エルサルバドル、ニカラグアなども加わり、増産による価格低下がブームをさらに加速させます。イタリアやドイツ、日本などから新天地を夢見る移民たちが渡り、コーヒー生産を支える労働力になりました。特にドイツ系移民は農園主や輸出業者になり、上質なコーヒー豆を本国向けに優先して送ったので、この当時、最高のコーヒーはドイツに集まったといわれています。

一方、カリブ海の国々は、最初に独立を果たしたハイチ（およびハイチに占領されたドミニカ）を除けば、19世紀後半までずっとヨーロッパの植民地支配下にあったことで、かえってコーヒー生産は安定しており、19世紀半ばに開発された水洗式精製も後押しして、順調にコーヒー生産を拡大させていました。

中でも、スペイン領キューバはハイチ独立時に逃れてきた人たちによる生産拡大と、輸出に有利なアメリカでの需要増加で、１８４３年にはブラジル、インドネシアに次ぐ世界3位の生産国に成長しています。ただし、１８６８年以降のキューバ独立戦争によって輸出量はがた落ちし、第二次ブームのときには他国に後れを取りました。

同じくスペイン領だったプエルト・リコでも生産量自体は少ないながらコーヒーは主要産業の一つでした。また、イギリス領ジャマイカは、18世紀後半には後の「ブルーマウンテン」の元になるコーヒー栽培を開始しており、第二次ブーム時にはその品質の高さから、ロンドンでモカに次ぐ高値で取引されています。

ハワイのコナ、東アフリカのキリマンジャロ

ラテンアメリカ以外で、この時代にコーヒー栽培をはじめた地域としては、ハワイと東アフリカ（タンザニア、ケニア）が挙げられます。

ハワイ最初のコーヒーは、１８２５年にブラジルのリオからオアフ島に伝えられたと言われています。当初は栽培に難航し、その後何度か、グアテマラからティピカの苗木が送

られたようです。1840年頃には、ハワイ島のコナ地区での栽培がはじまりました。この頃から、生産量は不安定ながら良品として知られるようになり、マーク・トウェインも1866年の著書『ハワイからの手紙』でコナコーヒーの品質を讃えています。

際立った個性には欠けますが、控え目な苦味と優しい酸味に甘い香りが混じった、まろやかでバランスのとれた――グアテマラやブルーマウンテンなどの伝統的なティピカ系の――味わいのある良品です。特にアメリカでは「国産品」ということもあり、根強いファンが存在します。

ただしその後、1880年代のサトウキビ増産や19世紀末の価格暴落（166頁）で衰退してしまい、本格的な復活には1950年代以降まで待たねばなりませんでした。現在もその収穫量は少なく、人件費の高さなども加わって、ブルーマウンテンに次ぐ高級銘柄になっています。

東アフリカへの導入は1878年、聖霊修道会のフランス人宣教師オルネ神父が、レユニオン島からタンザニアにブルボンを伝えたのが最初です。1880年には同会のバウー神父がイエメンのアデンで買ったコーヒーを「モカ」の名で栽培を開始。現在、東アフリカの高品質品種として知られる「フレンチミッション（＝フランス人宣教団）ブルボン」は、このときのブルボンとモカが自然交配して生まれたと言われています。

1885年のベルリン会議によるアフリカ分割で、イギリスとドイツがそれぞれ現在のケニアとタンザニアを分割統治することが決定され、栽培が本格化していきました。

なお、20世紀になってから、タンザニアとケニアの境にあるキリマンジャロ山の南麓、モシ地方で栽培されたコーヒーが、有名な「キリマンジャロコーヒー」のルーツです。日本では、1953年に公開されて大ヒットした、ヘミングウェイ原作の映画『キリマンジャロの雪』がきっかけで、一大ブランドになりました。ひょっとしたら「キリマンジャロ」は知っていても、タンザニア産だとは知らない人もいるかもしれません。

欧米では、同じ東アフリカ産でも、ケニアのほうが有名のようです。果物のようなしっかりした酸味に特長があり、特にケニア高地産の良品は、深煎りにするとカシス（クロスグリ）を思わせる、若干クセのあるベリー系の風味が現れることがあります。

さび病パンデミックの衝撃――インドとスリランカ

アジアの様子も見てみましょう。あまり知られていませんが、19世紀前半、インドとスリランカでもコーヒー栽培が成長していました。その背後にいたのはイギリス。当時はすでに「紅茶の国」でしたが、コーヒーを完全に諦めていたわけではありません。先述したアデン占領やコスタリカからの輸入、ジャマイカでの栽培もその例です。

そして18世紀末、南インドのマイソール地方とスリランカを植民地化したイギリスは、そこでもコーヒー栽培を始めました。この努力は19世紀半ばに実を結びます。特にスリランカはパルパーによる水洗式精製を取り入れ、1868年のアンリ・ヴェルテール『コーヒーの歴史に関するエッセイ』でも高品質で将来有望だと、期待が寄せられていました。ところが皮肉なことに、この本が出版された直後、スリランカは最大の脅威に見舞われます。それまで全く知られていなかった「コーヒーさび病」という新しい病害が蔓延したのです。

その名の通り、この病気に罹ると葉の裏側に「赤さび」のような病斑が生じます。赤さびはやがて樹全体に広がって樹自体を枯らしてしまうだけでなく、樹から樹へと伝染して、畑、地域へと広まり、数年後にはスリランカ全土に蔓延しました。翌年にはインドにも伝わりますが、こちらはスリランカよりもさらに激しく、発生後まもなくインド中のコーヒーが壊滅的被害を受けました。

1880年にイギリスからスリランカに招聘された植物病理学者のマーシャル・ウォードは、この病気が「コーヒーさび病菌（ヘミレイア・ヴァスタトリクス）」という新種のカビによる伝染病だと突き止めました。そしてコーヒーのモノカルチャーをやめて、他の作物と混植して蔓延を防ぐべきだと進言します。

ところが農園主たちの多くは、別の学者が唱えた「遺伝病の一種で、新しい樹に植え替えるだけで収まるはず」という、自分たちに都合のいい説を信じ込んでしまい、彼の提言に応じませんでした。結局ウォードは周囲の理解を得られないまま、イギリスに帰国してしまい、スリランカはさび病に蹂躙《じゅうりん》されて、コーヒー栽培を断念することになりました。その後、１８９０年に廃農園を訪れたトーマス・リプトンが自社で販売する紅茶を栽培することを思いつきます。スリランカが紅茶の産地として有名になったのはここからです。

さび病との戦いへ——インドネシア

18世紀半ばには生産量で西インドに押されていたものの、コーヒーは依然としてインドネシアにとって重要な栽培作物でした。18世紀末にオランダ東インド会社は解散しますが、オランダ政府が後を引き継いで、ジャワ島やスマトラ島の大農園を直営しました。19世紀半ばには水洗式精製が取り入れられ、独特の青緑色を帯びたその生豆が「ブルー・ジャワ」「官製ジャワ」と呼ばれて、品質の高さから人気を博しました。なお、この時期にスマトラ島北西部のマンデリン地区やアンコーラ地区の官営農園で作られたコーヒーが、あの有名な「マンデリン」の始まりです。

ただしインドネシアのコーヒーは、悪名高い「強制栽培制度」の下、低賃金で酷使される植民地の住民に支えられたものでした。１８６０年、植民地官吏だったダウエス・デッケルが「ムルタトゥーリ」の筆名で著した小説『マックス・ハーフェラール』で現地の惨状を訴えると、オランダ本国で強制栽培に対する反対世論が高まります。その結果、19世紀後半には強制栽培制度が順次廃止され、官営大農園から中小農家での栽培へとシフトしていきました。なお、現在「フェアトレードコーヒー」（２２５頁）を認証しているマックス・ハーフェラール財団（１９８８年設立）の名前は、この小説から採られたものです。

こうした社会的な動きの中、インドネシアのコーヒー生産が最大の危機に見舞われます。コーヒーさび病です。スリランカとインドのコーヒーを壊滅させた最悪の疫病が、１８８８年、とうとうインドネシアでも発生したのです。瞬く間に広がるさび病に対して、人々は対抗策を模索します。インドネシアでは官営農園時代に生産性向上を目的に、いろいろなコーヒー品種の試験栽培が行われていたため、その中からさび病に強いものを見つけようとしたのです。

このとき注目されたものの一つが、三原種の一つ、リベリカです。ただ、最初こそ効果が期待されたものの、その耐病性は完全とは言えず、後に出現した新型さび病の前に敗北してしまいます。このため、より優秀な耐病品種の探索が続けられることになりました。

ロブスタの発見

19世紀末、ベルギーのジャンブルー農業研究所（現ジャンブルー農業大学）の教授、エミール・ローランは、中央アフリカのコンゴの植物を研究していました。当時のアフリカは未知の植物資源の宝庫で、薬の原料や作物になる有用植物を、先を争って探索していた時代です。ローランはベルギーの園芸会社をスポンサーに付けて資金援助を得る代わりに、発見した植物を提供する契約でコンゴに現地調査に赴きました。

１８９５年、２度目の調査旅行のとき、彼はコンゴの奥地でこれまで見たことのないコーヒーノキ属の植物を見つけます。彼はその植物を採集してベルギーに持ち帰り、自分の弟子であったエミール・デ・ウィルデマンと、園芸会社にそれぞれ渡しました。

ウィルデマンは１８９８年、これが新種だと同定して「ローランのコーヒーノキ」を意味する「ローレンティイ種」という名前を付けました。一方、園芸会社はルシアン・リンデンという植物学者に同定を依頼。彼もまたこれを新種と同定して「ロブスタ種」と名付けました。さらにこの園芸会社は１９０１年、さび病が蔓延するインドネシアに苗木を送って栽培試験を行います。

するとどうでしょう。これこそが待望の、さび病に完全耐性の新種だったのです！

しかも低地でも栽培可能で、多くの果実を付け、従来のアラビカ種よりも高収量というオマケまで付いていました。

さて、このときの新種は、現在はロブスタ種の名前で広く知られています。学名には「早く名付けたもの勝ち」というルールがあり、発見当初、植物学上の正式名称はローレンティイのほうでした。ただ、園芸会社がインドネシアに送った樹に「ロブスタ」の名札が付いていたのです。「頑丈な」を意味する「ロバスト（robust）」から付けられたこの学名が、この樹のイメージとぴったりだったからでしょうか。インドネシアではこの新種がロブスタの名で広まり、既成事実化します。

さらにその後、じつはこのローレンティイ／ロブスタは新種ではなく、１８９７年に既にガボンで発見され「カネフォーラ種」と名付けられていた植物標本と同種だったことが判明し、「早いもの勝ち」のルールからこちらが正式な学名になってしまいました（なお、ローランは3回目のコンゴ調査中の１９０４年に亡くなり、発見者として歴史に刻まれるはずだった彼の名もこのコーヒーノキから失われてしまったのでした）。

コーヒーブレイク

種無しコーヒーの作り方？

ところで、ロブスタの語源になった「ロバスト」には「頑丈な」以外にもう一つ意味があります。それは「野生的な、粗野な」という意味です。さび病で苦しむインドネシアにとっての救世主になると思われたロブスタ種は、まさにこの言葉どおりの欠点を抱えていました。アラビカに比べて苦味と焦げ臭が突出して、繊細な酸味や芳香に欠ける「粗野な」香味だったのです。

そこでインドネシアは、頑丈だが粗野なロブスタ種と、脆弱だが上質なアラビカ種を交配して、両者の良い性質を受け継いだ品種を作るための育種に取り組みました。しかしこの目論みは失敗に終わります。交配で生まれた樹からコーヒー豆がほとんど採れなかったのです。その後の研究の結果、原因は染色体の数の違いによることが判明しました。

染色体は——ここからは中学理科や高校生物の話になりますが——DNAを含んだ、細胞核の中にある構造体です。1つの核の中にある染色体の数は、生物ごとに決まっていますが、通常は2本で1対になり、2の倍数(2n)になっています。

コーヒーノキ属の染色体数は通常22本ですが、じつは唯一、アラビカ種だけが44本という「変わり種」です。ロブスタ種とユーゲニオイデス種が交配してアラビカ種が生まれたときに、偶然「倍数化」という現象がおきて、染色体数が元の倍になったと考えられています。

生物が子孫を残すときには減数分裂によって染色体が半数になり、父母の両方の遺伝情報が半分ずつ子供へと受け継がれます。ところが、アラビカ種と他のコーヒーノキの間に生まれた樹の染色体数は33本になり、減数分裂を正常に行うことができません。こうなると受粉しても種子ができなくなるのです。

じつは、これと同じ現象は「種無しスイカ」に応用されています……種無しスイカは、めしべを薬剤で処理することで人工的に倍数化し、そこに通常の花粉を受粉させることで作られます。確かにスイカなら種子がなくなれば食べやすくもなるでしょう。しかしコーヒー豆、つまり種子が重要なコーヒーではそうはいきません。「種無しコーヒー」では、元も子もないのです。

結局、交配育種に失敗したインドネシアは、ロブスタ栽培に乗り換えます。しかし、1912年、ニューヨークのコーヒー取引所で3名の委員がロブスタ種を調査した結果、「実用的価値なし」と判断して取引対象外にされました。こうして伝統あるインドネシアコーヒーの評判はがた落ちになってしまったのです。ただ、後にアメリカのあるコーヒー専門家が「ロブスタのようなコーヒーでも、何度も飲んでいるうち味に慣れてくるものだ」と語ったように、徐々に人々はその味にも慣れていきます。少なくともスリランカとは異なり、インドネシアの生産者たちは「コーヒー栽培の存続」という、最後の一線だけは死守することに成功したのです。

8章　黄金時代の終わり

20世紀初頭、さび病に苦しむインドネシアを尻目に順風満帆に見えた中南米の国々には、さび病以上に厄介な難敵が迫っていました。その正体は「市場経済」。コーヒー普及になくてはならないものながら、隙あらば思い通りに操ろうとする「怪物」です。この頃から「2つのコーヒー大国」、生産大国ブラジルと消費大国アメリカの間で、コーヒー価格を巡る主導権争いが激化します。1960年頃までの流れを追っていきましょう。

コーヒーを独り占めにした男

第二次コーヒーブーム以降、生産者たちは無計画な増産をつづけてきましたが、やがてツケを支払うときが訪れます。1896年、コーヒーの供給量がついに需要を上回り、「作った分だけ売れる」黄金時代が終わりを告げたのです。

低下の一途を辿るコーヒー価格は、消費者に歓迎される一方、生産国や先物取引所のブローカーには死活問題でした。1899年にブラジルでの腺ペスト流行で入荷が止まったとき、ニューヨークのブローカーたちは現地の不幸そっちのけで「値下がりが止まる」と祝杯を上げて「買い」に走ったという、いわゆる「腺ペストブーム」のエピソードも残っているほどです。

その後も暴落の危機が続く中、世界の80％を生産するコーヒー大国ブラジルでは、サンパウロ州政府が市場への介入を決定。1906年「ヴァロリゼーション」という価格維持政策を実施します。政府が一旦、コーヒーの生豆を買い上げて生産者を保護するとともに、市場に流通するコーヒーの量を調節して値崩れを防ごうとしたのです。

しかし、当初ドイツの銀行から受けた100万ポンド（現在の約160億円）の融資も、大量の生豆を前に、すぐ底をつきました。返済の見通しも立たぬまま、追加援助を求めた銀行には次々断られ、困り果てたサンパウロの生産者が最後にすがった相手——彼こそハーマン・ジールケン。後に世界のコーヒー取引を牛耳って「アメリカ最後のコーヒー王」と呼ばれた人物です。

「アメリカ最後のコーヒー王」と呼ばれた、ハーマン・ジールケン

ジールケンは、1847年、ドイツ・ハンブルクの小さなパン屋に生まれました。21歳を目前にコスタリカを経て渡米し、職を転々とした後、語学力を買われてニューヨークのW・H・クロスマン兄弟商会（後のクロスマン・ジールケン社）に雇われます。それから彼は、南米を駆け回って数々の大口取引を成功させ、翌年には共同経営者に就任。「人間発電機」ばりの活躍で商会を大躍進させますが、同業者の不幸に付け入って儲ける容赦ないやり口でも有名で、しばしばドイツの「鉄血宰相」ビスマルクに

も喩えられました。

例えば19世紀末、当時最大の焙煎業者だったジョン・アーバックルが、砂糖トラストの「帝王」H・G・ハヴマイヤーと泥沼の争いを始めたとき、彼はオハイオのコーヒー会社、ウールスン&スパイス社の買収をハヴマイヤーに提案して顧問料をもぎ取り、さらに抗争後に同社を安く買い上げて、まんまと漁父の利をせしめています。それ以来、「コーヒー業界でもっとも恐れられ、もっとも嫌われている男」と呼ばれていました。

サンパウロから相談を受けたジールケンは、コーヒー会社数社と英・独・米の銀行と結託してシンジケートを作り、合計1800万ポンドもの巨額融資を行います。そして、その見返りにサンパウロ州政府と共同出資するかたちで、大量のブラジル産生豆を安値で買い占めました。その生豆はすべて――サンパウロの持ち分も融資の担保名目で――ニューヨークやハンブルクの巨大倉庫に保管され、管理販売権はシンジケートが押さえていたため、事実上は彼らの独占です。

大量の生豆を使って流通量を操作した結果、1ポンドあたり5セントだったコーヒーの消費者価格は、14セントにまで上昇し、彼らは莫大な利益を手にします。その一方で、消費者からは不満の声が上がりました。いちばん儲けていたのはジールケン一味だったのですが、アメリカ人の間では「あくどいブラジル人が、我々の飲むコーヒーの価格を不当につり上げている」という噂が飛び交いました。このとき生まれた反ブラジル感情は、その後のアメリカ人のコーヒー観に根強く残っていきます。

こうして「コーヒー王」となったジールケンですが、本人は「歴史上、没落しなかった王は存在しない」と言って、そう呼ばれることを嫌っていました。その言葉どおり、70年の生涯で——鉄鋼業や鉄道業界の「王」たちとも渡り合いながら——一度たりとも事業で失敗することはなかったのです。そして1914年、毎年恒例だったドイツの別宅での滞在中に、第一次大戦が勃発して帰国できなくなり、1917年にその人生を終えることになりました。

皮肉なことに、この年アメリカは連合国側で参戦を表明し、敵対国の在留外国人から財産を没収しました。このときジールケンもアメリカに保有する300万ドル（現在の62億円）もの資産を没収されます……死のわずか数日前の出来事でした（彼が生前アメリカで市民権を得ていたことを遺族らが何とか証明して、4年後に遺産は返却されました）。

第一次大戦による大暴落

1914年にヨーロッパで第一次大戦が始まると同時に、ヨーロッパの輸出入が滞りました。この当時、コーヒー豆が陸揚げされていたヨーロッパの主要4港——ハンブルク、ルアーヴル、アムステルダム、アントワープ——は、いずれも戦地のまっただ中で、とても船を送れる状況ではなくなったからです。

ヨーロッパでも兵士への支給品としてコーヒーを求める声は大きく、戦前に上質のコーヒーが集まっていたドイツでは特にコーヒー不足が深刻でした。しかし北海の制海権を連合国側のイギリスが押さえていたため、船を出そうものなら沈められるのですから仕方がありません。

需要が激減したコーヒー豆の価格は、かつてない大暴落を起こします。特に損害を被ったのはヨーロッパ向けに高級品を輸出していた中米でした。一方、恩恵を受けたのがアメリカです。大戦特需による好景気に加えて、それまで安いブラジル産ばかり買っていたアメリカに、行き先を失った中米産の高級品が安価で流入したからです。さらにアメリカの業者は、アメリカ同様に中立を表明していた北欧に、北海を迂回してコーヒー豆を再輸出し大儲けします。連合国への手前、表向きは北欧での消費用でしたが、実際はドイツにかなりの量が横流しされました。

ただしこの出来事が、北欧人が上質のコーヒーに親しむきっかけになったのも確かです。現在、北欧諸国は国民1人あたり消費量が平均1日3～4杯と最も多く、コーヒー関係者には「いちばん良い生豆は北欧が先に買い付けていく」とも言われるほど、質量ともに世界有数の消費国ぞろいです。

また第一次大戦のときに、アメリカではじめて普及したものがあります。インスタントコーヒーです。１９１７年、連合国側で参戦したアメリカからヨーロッパに赴く兵士たちに、グアテマラ在住ベルギー人、ジョージ・ワシントンが考案したインスタントコーヒーが支給され、手軽さが受けて戦場で愛飲されます。

なおアメリカ初のインスタントコーヒーの特許は、シカゴ在住の日本人化学者、カトウ・サトリが、ジョージ・ワシントンより先に取得しています（アメリカ以外ではそれより早く、18世紀中にイギリスで試験的に作製した人や、１８８９年にニュージーランドで特許取得した会社があったことが最近判明しています）。

アメリカの一大販促キャンペーン

大戦が終わるとコーヒーの需要は回復を見せました。特にアメリカでは１９２０年からの禁酒法も重なり、アルコールに代わる嗜好飲料として人気が急騰します。大戦中に上質なコーヒーの味を覚えたアメリカ人たちは、好景気も手伝ってブラジル産以外の高級品を飲むことが増えました。コロンビアもこの時代から大きくシェアを伸ばした国の一つです。

その後、人気による価格上昇から消費に翳りが見えると、アメリカのコーヒー業界団体が一致団結してコーヒー貿易広告共同委員会を立ち上げ、そこにブラジルが資金提供して一大販促キャンペーンを行いました。

このとき宣伝に活用されたのが、当時最新の「科学」です。彼らは休憩時間のコーヒーで仕事の能率が向上するという論文を引用し、労働者向けにコーヒーの利点をアピールしました。また健康への関心が高いインテリ層には、医学論文の引用などで、C・W・ポストが広めたコーヒー有害説（142頁）に反論するとともに「じつはコーヒーは体に良く、知識人向けの飲み物だ」とアピールしました。家庭向けに「科学的でおいしいコーヒーの淹れ方」を紹介したりもしています。

科学だけでなく、当時の社会情勢もフル活用されました。当時、社会進出をはじめた女性向けに「インスタントコーヒーこそ忙しいキャリアウーマンの味方」とアピールしたかと思えば、保守層向けには「家族のためにおいしいコーヒーを淹れることは主婦の嗜み」とアピールしました。中南米の貧しいコーヒー生産者を支援することは、新しい世界の主導者になる自分たちの務めだとアメリカ人の善意や自尊心に訴えかける一方で、経済界には彼らが裕福になればアメリカの工業製品を買う「良き消費者」になって、投資した分は戻ってくると主張します。

また、「コーヒーが出来るまで」の紹介映画を高校や大学で流し、小学校には教材パンフレットを配布して未来の顧客を育成するなど、老若男女の全てをターゲットに啓蒙します。この大々的な宣伝活動が実を結び、ジャズが流れる街角に数多くのコーヒーハウスが開店しました。「狂騒の20年代」に、コーヒーはアメリカの国民的飲料に成長したのです。

史上2度目の大暴落

このコーヒーブームを背景に、ブラジル政府は、サンパウロの巨大倉庫に大量のコーヒー豆を買い集め、流通量と価格の操作を始めました。20世紀初頭にジールケンがやった市場独占を自らの手で始めたのです。アメリカの消費者とコーヒー業界は反発しますが、欧米の銀行や投機家は「一儲けするチャンス」とばかりに先を争って融資します。その結果、取引価格は上昇し、ブラジルも「コーヒーバブル」とも呼ぶべき好況を迎えます。

ところが1929年10月11日、水面下での資金繰りの悪化からバブルがはじけ、さらに追い打ちをかけるように2週間後の10月24日、「暗黒の木曜日」に、あの世界大恐慌が始まったのです。

かつてないアメリカの景気悪化は、コーヒー消費も一気に凍り付かせました。中小のコーヒー会社の倒産が相次ぎ、恐慌前に他業種と統合していた大会社だけがかろうじて生き延びます。また自国に恐慌が波及することを恐れたヨーロッパの国々がブロック経済に踏み切って、植民地以外との貿易を停止したため、ますます中南米のコーヒー豆は売れなくなって価格が大暴落します。

ブラジルでは、この暴落が政変にまで発展します。経済基盤を失ったサンパウロ州政府が、巻き返しを図って１９３０年の大統領選で自州の候補をごり押ししたため、ミナスジェライス州が「カフェ・コン・レイチ体制」から離反。かねてから2州独占に不満を抱いていた他州とともに「自由同盟」を結成し、第3位の雄州、リオグランデ・ド・スル州出身のジェトゥリオ・ヴァルガスを大統領候補に擁立します。選挙ではサンパウロ側が勝利するも、自由同盟が不正を訴えて蜂起し、軍部を味方につけたヴァルガスが無血革命に成功して、政権を奪取したのです。

革命の一方で、ブラジルはどうにかして大量のコーヒーの在庫を消費しようと、あらゆる手を尽くしました。例えば、世界各国でブラジルコーヒー宣伝販売を行い、消費拡大を狙います。日本では当初、サンパウロから販売権をもらった星隆造の「ブラジレイロ」が、革命後はブラジル政府直営の「ブラジル」がその役割を担いました（１９９頁）。

またブラジル政府はスイスのネスレ社に長期保存可能なインスタントコーヒーの開発を依頼しました。その後、8年の歳月をかけて完成したのが「ネスカフェ」です。この他にも生豆を建材にしたり油を採ったり、あらゆる研究が行われました。

しかし結局、ブラジル政府は有り余る生豆を廃棄せざるを得なくなり、1931年からの数年で焼却された生豆は、なんと7800万袋（468万トン）にも上ります。

なお、ヴァルガスは「貧民の父」を名乗って、反エリート、反帝国主義的なポピュリズム路線を推進しますが、1937年の大統領選のときに自らクーデターを起こして「新国家（エスタード・ノーヴォ）」体制を樹立し、ファシズム的な独裁を行うようになりました。

その後、第二次大戦末に、親米派軍部によるクーデターで辞任しますが、1950年のブラジル初の民主的選挙で、再びヴァルガスが大統領に返り咲き、戦前よりも左傾化した反米ポピュリズム路線で、ブラジルの近代化とアメリカ帝国主義からの脱却を進めていくことになります。

第二次大戦時、兵士に支給された

1939年に第二次世界大戦が勃発すると、アメリカから英仏への物資を断つために、ドイツのUボートが大西洋の至るところに出没し、ヨーロッパへはもちろん、ブラジルからアメリカへの輸出すら難しくなって、コーヒー価格はさらに低下しました。第一次大戦の悪夢の再現です。

ただし、今回はアメリカの出方が異なりました。１９４０年、中南米の生産国と協議して、生産国ごとに輸出割当量を定める代わりに、アメリカが一定価格で買い取る「環アメリカコーヒー協定」を結んだのです。

アメリカの狙いは、「アメリカの裏庭」と呼んで自国経済圏に組み入れていた中南米との結束強化でした。ドイツなどからの移民が多い生産国がファシズム化することや、コーヒーが枢軸国に物資として流れることを防ぐ目的もありました。生産国側もこれに応じ、当初は枢軸国に好意的だったヴァルガス政権下のブラジルも、このときだけは対米協調路線を表明し、アメリカが参戦した１９４２年に連合国側で参戦しています。

戦時中はどの国でもコーヒーは軍に徴用されて、前線の兵士に支給されました。覚醒や興奮など、コーヒーの持つ薬理作用が、戦地での眠気防止や疲労感の軽減に役立ちましたし、その香りや、温かいものを飲むという行為そのものが貴重な安らぎとなり、ストレスの軽減にもつながったのです。

第一次大戦のときと同様、手軽なインスタントコーヒーが重宝され、多くのコーヒー会社がその製造に参入します。戦況が進むにつれて枢軸国はコーヒー不足に陥りましたが、連合国側はアメリカから大量に送られたため、コーヒーに不自由しなかったようです。

ただし、軍が全てを戦地に持っていったため、アメリカ国内ではコーヒーが不足して配給制になりました。1920年代のブーム以降、コーヒーにすっかり馴染んでしまっていたアメリカ人は、いかに節約して、少ない豆でコーヒーを作るか工夫をこらします。お湯を循環させて煮詰めるパーコレーターが普及し、主婦向け雑誌でコーヒー豆の節約術が特集され、しまいには一度淹れた後のコーヒー滓を「二番煎じ」する人まで現れます。このとき薄く淹れる習慣が普及したのが「アメリカンコーヒー」が定着した理由の一つなのです。

コーヒーブレイクの誕生

1945年、第二次大戦が終わると軍に徴用されていたコーヒーが（少なくともアメリカの）市場に帰ってきました。ところがここで予期せぬ事態が発覚します。あれだけあったブラジルのコーヒー在庫が底をつきかけていたのです。原因はブラジルの生産者の「コーヒー離れ」でした。

ブラジルでは戦前からの生産制限に加え、1942年の大霜害、さらに戦時中のインフレ下でもアメリカが一定価格で買いつづけたせいで採算が取れず、生産量が激減していたのです。急増する需要に生産量の回復が追いつかず、価格も急騰します。

ところが戦時中の安値に慣れきっていたアメリカの消費者は、戦前からの反感も手伝って、ブラジルの説明を信じず、生産国がコーヒー豆を買い占めて価格操作していると非難します。高価な豆を節約するため、人々は戦後も薄いアメリカンコーヒーを淹れつづけ、また多くの人々がコーラなどの清涼飲料に乗り換えだしました。

この消費者離れを食い止めようと、1952年、汎アメリカコーヒー局が宣伝のために作った言葉が、「コーヒーブレイク」なのです。この、仕事中に小休憩をとる習慣は、同時期に発明されたカップベンダー式の自動販売機とともにいろいろな会社に導入され、オフィスが家庭や飲食店に続く新たなコーヒー消費の場になりました。

1954年にブラジルで発生した大霜害で、コーヒーの価格が一気に跳ね上がりますが、それをピークにコーヒー価格は急落しはじめます。アフリカ産の安いロブスタが市場に流れ込んできたためです。戦後、植民地支配から独立したアフリカ諸国は、植民地時代から作っていたロブスタ栽培を引き継ぎ、戦後の財政難でアラビカが買えないフランスやイタリアを相手にシェアを伸ばし、1956年にはロブスタが全コーヒー生産量の22％に達していたのです。

安いコーヒーを求めるアメリカの人々もロブスタを受け入れ、コーヒー会社もアラビカにロブスタを配合したインスタントコーヒーやレギュラーコーヒーの製造に手を出します。ロブスタを閉め出していたニューヨーク市場でもその取引が開始されました。

国際コーヒー協定の誕生

1959年、価格低下とロブスタの台頭に頭を悩ます中南米の生産者にとって、思わぬところから事態が好転します。キューバ革命の勃発です。中南米を「アメリカの裏庭」と呼んで、経済的にも政治的にも睨みを利かせ、反米勢力が生まれるたびに力ずくでねじ伏せてきたアメリカにとって、カリブ海での社会主義国家の誕生は大きな危機感を生じさせるものでした。

アメリカは、中南米に「第二のキューバ」を作らないためにも、また冷戦時代の西側諸国のリーダーとしても、中南米はもちろん世界のコーヒー生産国の経済や政情を安定化して、共産主義や反米ゲリラ勢力の台頭を防ぐ必要にかられます。そこで、第二次大戦時の「環アメリカコーヒー協定」と同じことを、今度は世界規模で行おうと考えたのです。

こうした生産国とアメリカの思惑が一致して生まれたのが、1962年に始まる「国際コーヒー協定(ICA)」です(国際協定は砂糖や小麦、天然ゴムなど他の一次産物でも結ばれており、「国際商品協定」と総称されます)。これらの協定に基づき大規模取引の対象となる商品が一般に「コモディティ」と呼ばれ、「コモディティコーヒー」とはこのように大規模で国際取引されるコーヒーを指します。アラビカ種は主にニューヨークの、ロブスタ種は主にロンドンのコーヒー取引所で先物取引されました。

1963年には多数の国がこの協定に調印し、実行機関として「国際コーヒー機関（ICO）」が設立されました。加盟国は輸出国（生産国）または輸入国（消費国）のどちらかに分けられ、輸出国にはそれぞれ事前に定めた輸出割当が設けられ、輸入国では非加盟生産国からの輸入が禁止されました。日本も1964年に「新市場国」という、いわば「コーヒー消費の発展途上国」扱いで参入しています。

この協定のもと、世界の需給バランスの維持と価格安定が実現していきます。なかでも、この新体制下で大きく躍進したのが、アメリカから「進歩のための同盟」のモデル国家と位置づけられていたコロンビアです。

コロンビアは1959年に、良いコーヒー作りにこだわる生産者、「フアン・バルデス」――ラバの「コンチータ」をお供に連れた、ソンブレロにポンチョ姿の職人気質のヒゲ親父――をイメージキャラに起用したCMを開始。これが大当たりして、水洗式の「マイルドアラビカ」の中でも高級品にのし上がりました。さらにアメリカとの関係を背景に、国際協定でも有利に立ち回って、ブラジルに次ぐコーヒー大国へと成長していったのです。

渡りコーヒー

国際協定の成果は明らかでした。国際相場は安定して推移し、コーヒーは「国際商品協定の優等生」と言われます。その後、他の商品協定が停止していく中、第二次（68年）、第三次（76年）、第四次（83年）と数年おきに更新されつづけました。

しかしまったく問題がなかったわけではありません。生産国は価格安定の恩恵を受け、制度自体は歓迎しましたが、少しでも自国への割り当てを増やそうと衝突しました。生産量が多い国ほど発言力が強かったため、いちばん大きな割当量を獲得するのはいつもブラジルでした。一方、割を食ったのが輸入国側、中でも最もたくさん買い取る立場になったアメリカです。「ブラジルよりも他の中南米産が上質」という考えは根強く、大量のブラジル豆を買わされることに不満を抱く人も少なくありませんでした。

またコモディティコーヒーは、全体的にじわじわと品質が下降していきました。生産者が頑張って上質なものを作っても、平均的なものと一緒にまとめて売り買いされ、しかも値段も売れる量も決まっているので収入もほぼ一緒です。そうなると基準を満たす最低限の品質で、できるだけコストダウンして作ることが、生産者にとっては「最適で正しい作り方」になります。それを非難するつもりは一切ありません。これはあくまでビジネスであって、きれいごとではないのですから。

そしていちばん問題になったのが「渡りコーヒー（ツーリスト・コーヒー）」の出現です。国際協定では、加盟生産国から加盟消費国への輸出を割り当てで制限しましたが、非加盟国との取引までは制限できません。このため一部の生産国は余剰のコーヒー豆を「どうせ正規ルートでは売れない豆だから」と安い価格で輸出し、国際的に見ると二重価格の状態を生みました。

このとき輸出したのは割り当ての少なさに不満を持つ中米諸国、輸入したのは1968年に協定を脱退したソ連などの共産圏であり、結果的に「西側の資金で支えている中米の『上質』なコーヒーが東側に安く流れる」という事態を招きます。さらにこれが、東側から西側に横流しされたのが「渡りコーヒー」です。

結局、西側消費国に入ってくるのはブラジルなどの「安物」ばかりで、上級品には限りがあり、それも次第に質が落ちていく、何とか「渡りコーヒー」を入手するにも途中で東側に「中抜き」されているという有り様だったわけです。アメリカのコーヒー業者は次第に不満をあらわにし、国際協定に反対する人々も増えていきました。

第二次さび病パンデミック

1970年、中南米のコーヒー生産者を震え上がらせる知らせが飛び込んできます。19

世紀後半にスリランカやインドネシアで猛威を振るったコーヒーさび病が、１００年の歳月を経てブラジルで発生し、70年代後半には中南米全体に広まります。蔓延するさび病を前にして、中南米の生産者たちは１００年前の東南アジアの生産者と同じ、究極の選択に迫られます。

（A）スリランカのようにコーヒー栽培をあきらめる。
（B）インドネシアのように低品質なロブスタに植え替える。

果たして、彼らはどちらを選んだのでしょうか？

——じつは彼らが選んだのは、そのどちらでもありませんでした。
このとき中南米の生産者には、もう一つ、別の選択肢があったのです。さて、それはなんだったのでしょうか？　答えを想像しながら、ページをめくってみてください。

（C）さび病に強いアラビカ種に植え替える。

「そんな品種がないから、インドネシアは苦労したんじゃないか！」と思われることでしょう。しかし、100年間の科学の進歩がそれを可能にしていました。

時代を遡ること1927年、ポルトガル領東ティモールの個人農園で1本の変わったコーヒーノキが見つかっていました。ポルトガルのさび病研究所（CIFC）で調査した結果、この樹は農園に混植していたアラビカ種と、偶然に倍数化（163頁）したロブスタ種の間に生まれた交配種で、ロブスタの耐病性を完全に受け継いでいることが判明しました。「ハイブリド・デ・ティモール（HdT、ティモール・ハイブリッド）」と名付けられたこの品種は、お世辞にも上等とは言えない品質ながら、その染色体数はアラビカと同じ44本で、アラビカとの交配育種が可能だったのです。

そこで早速、HdTとアラビカを交配して生まれた子孫から、耐病性と品質の両方を併せもつ新品種の選抜育種が始まりました。CIFCではHdTを、ブルボンの小型化した変異種であるカツーラやヴィジャサルチと掛け合わせ、1959年、密集栽培による高収量化を同時に可能にした新品種「カチモール」「サルチモール」の作出に成功します。これらは1970年、さび病が発生したブラジルに送られ、その後中米にも伝えられます。

ただし、そのままではまだ品質に不満を感じた中南米の国々は、それぞれ独自に育種をつづけて、コロンビアや中米諸国はカチモールから、ブラジルはサルチモールから、それぞれの国独自の耐病品種を作り出しました。1世代に3～4年かかるコーヒーの育種には長い年月を要しますが、1980年代末からこの取り組みが実を結び、中南米はこれらの耐病品種を武器に、さび病に対抗していったのです。

コーヒーブレイク

黒い霜

1975年7月18日、南半球では冬に当たるこの日、当時ブラジル最大のコーヒー産地だったパラナ州北部で数時間にわたって氷点下を観測し、パラナ州のコーヒーノキのじつに7割が枯れるという壊滅的被害を記録しました。これが「黒霜（ジェアダ・ネグラ）」です。

ブラジルは世界最大のコーヒー生産国であると同時に、世界で最南端かつ最も高緯度な場所でコーヒーを生産する国でもあります。耐寒性のないコーヒーノキにとって冬の寒さは致命的で、ブラジルは昔から霜害の被害が多い産地でした。

ブラジルの霜害には、「白霜」または「焦げ霜」と呼ばれる比較的軽度なものと、「黒霜」と呼ばれる重篤なものの2種類があります。前者は樹の上のほうだけが霜にやられて葉が焦げたように黒く枯れ、収穫量が減りますが、後者は樹全体が黒く変色して収穫量はほぼゼロになり、程度によっては樹そのものまで枯れてしまいます。

ブラジルでは生産の中心がリオから、より南のサンパウロに移った19世紀後半から、たびたび霜害を経験してきました。さらに20世紀に入ると、生産の中心がさらに南のパラナ州北部に移ったことで一層深刻になりました。

霜害のことが分かっていながら、なぜパラナに産地が移ったのでしょうか。これにはブラジルのコーヒー政策が関係しています。1906年の価格維持政策以降、ブラジル政府は生豆を買い上げる代わりにサンパウロでは新しくコーヒーノキを植えることを禁じました。そこで規制のないパラナ州へと農園が広がっていったのです。パラナ州北部に広がる肥沃な赤土（テラ・ローシャ）は土地を求める生産者の目に魅力的に映ったのでしょう。

しかし土壌こそすばらしいものの、気候は「過酷」の一言で、1942、55、63、69年とたびたび「黒霜」に襲われます。なかでも1975年の黒霜は激烈で、コーヒー相場にも大きく影響し、市場価格は3倍近くに跳ね上がりました。その後もブラジルは何度かの霜害に見舞われますが、やがてミナスジェライス州のセラード地区に灌漑設備が整備され、産地の中心が北に移るに伴って、霜害の問題は解消されていきます。

「ファーストウェーブ」？

国際協定時代、アメリカの焙煎会社では原料による差別化が難しくなり、低価格競争が激化します。さらに1970年代のさび病や霜害による原料価格の高騰で、コーヒー豆の「浅煎り化」が進みました。

1930年代までは、アメリカのコーヒーには地域ごとに多様性があって、南部は極深煎り、ボストンと西部は比較的浅煎り、東部は深煎りだったのですが、恐慌以降の買収合併で焙煎会社が大規模化するとともに全国的に浅煎り化します。短時間で焙煎できて燃料代の節約になる上、深煎りにすると揮発や燃焼ガスとして失われる成分だけ重量が減るので、「100gいくら」で売るコーヒーは浅煎りのほうが儲かるからです。中には大型焙煎機で冷却用に散布する水の量を増やして重さを増やす、不届きな業者もいたようです。

2003年、ノルウェー出身でレッキングボール・コーヒー（サンフランシスコ）のバリスタ、トリシュ・ロスギブは、このようなコーヒー焙煎会社のスタイルを、アメリカのコーヒー業界の「ファーストウェーブ（第一の波）」と名付けました。さらに彼女は、ファーストウェーブの時代の後、1960年代後半から90年代半ばに「セカンドウェーブ」が、さらにそれ以降に「サードウェーブ」が到来したと述べ、自らをその「サードウェーブ」

の一員に位置づけています。

しかし……ここまで読んできた皆さんには分かってもらえると思いますが、ひとくちに1960年代以前のアメリカといっても、じつは時代によって色々な変遷があったので、それを全部まとめて「ファーストウェーブ」でひとくくりにするのは、ずいぶん乱暴な分け方だな、というのが私の正直な感想です。

この言葉はもともと、アルビン・トフラーの著書『第三の波』以降しばしば用いられてきたもので、ほぼ同時期にアメリカの女性解放運動で提唱された、年代ごとに「第一〜第三の波」に分けるやり方を、そのままなぞったもののようです。実際、トリシュ自身も「私の考える時代区分だ」とはっきり述べているのですが、分かりやすく話をまとめたことが災いして既成事実化してしまい、名称だけが一人歩きしているようにも感じられます。

9章　コーヒーの日本史

さて、ここで少し目線を変えて、日本でのコーヒーの歴史を見てみましょう。お気づきのように、これまでの世界史に日本が登場するところは、ほとんどありません。欧米と比べてコーヒーと出会ってからの年月も浅く、また国際コーヒー協定で「新市場国」という、コーヒー需要の発展途上国に認定されてきた国なので、当然といえば当然です。

しかし、じつは日本は、戦後から1980年代頃までの間に、焙煎や抽出の技術を国内で研鑽していった結果、まるでガラパゴス島のように独特の進化をとげたコーヒー文化を持つ国だったのです!

「焦げくさくして味ふるに堪ず」:江戸時代

いつ誰が日本ではじめてコーヒーを飲んだのか、その正確な記録は残っていません。17世紀末~18世紀頃、出島のオランダ商人たちが飲んでおり、それを商館に出入りしていた通訳、遊女、役人らも飲んだのが最初だと考えられています。

1776年、出島に赴任したスウェーデンの植物学者で医師のカール・ツンベルクは2~3人の通訳がかろうじてコーヒーの味を知っている程度だと記していますが、その20年後に、遊女が出島でオランダ人から貰って持ち出した物品記録に「コヲヒ豆」の文字が見られます。

また1804年には、文人の大田南畝《なんぽ》（蜀山人《しょくさんじん》）が、オランダ人の船でコーヒーを飲んだときの感想を、『瓊浦《けいほ》又綴《ゆうてつ》』という書の中で、次のように記しています。

紅毛船にて「カウヒイ」といふものを勧む、豆を黒く炒りて粉にし、白糖を和したるものなり、焦《こ》げくさくして味ふるに堪《たえ》ず

（大田南畝『蜀山人全集・巻三』より）

これが日本人による最初の「コーヒー飲用体験記」だと言えるでしょう……ただ、残念ながら、焦げ臭くて味わうに堪えないと、彼の口には合わなかったようですが。

その後、蘭学書に解説が載るようになり、1857年頃には蝦夷勤務の番兵たちに幕府が支給していたなど、いくつかの記録も残っています。しかし、当時は、蜀山人と同様に「味ふるに堪ず」と感じる人が多かったのか、一般にはほとんど広まりませんでした。

初の本格喫茶「可否茶館」：明治前期

コーヒーの輸入が本格化するのは、1854年の開国後です。1856年にオランダから商品として入荷されたのを皮切りに、1858年には正式に輸入開始されました。当初は主に、居留地の外国人向けだったようですが、「文明開化」を迎える1870年代には

日本人も受け入れはじめ、神戸や日本橋などに木戸先で飲ませる茶屋や輸入食品店が現れていたようです。

それを今日の喫茶店のようなかたちで提供したのは、1888年、上野黒門町で鄭永慶《ていえいけい》という人物が開業した「可否茶館《かひさかん》」が最初とされます。上流階級の社交場であった鹿鳴館に対抗して庶民の社交場を目指し、文房具室やビリヤード、トランプ、クリケット場まで備えた、欧米最先端のカフェさながらの先進的な店でした。しかし時代を先取りしすぎたためか、経営はうまく行かず4年で廃業しています。

その後、浅草にダイヤモンド珈琲店ができたものの長くは続かず、麻布凮月堂や木村屋総本店、不二家などの菓子店が開設した喫茶室や、夏目漱石『三四郎』にも登場する本郷の青木堂の喫茶室、銀座のウーロン亭などの台湾喫茶店（中国茶中心の店）がコーヒーも手掛けたようです。また20世紀に入る頃には百貨店の食堂や、牛乳を飲んだり新聞を縦覧したりするミルクホールと呼ばれる場所でもコーヒーが提供されるようになりました。

「カフェー」の出現：明治末期

可否茶館の開業から20年を経て、鄭永慶が思い描いた理想にようやく時代が追いつきます。1908年、後に文芸雑誌『スバル』で活躍する北原白秋、木下杢太郎《もくたろう》らは、美術同人誌『方寸』の石井柏亭《はくてい》、山本鼎《かなえ》らとともに「日本にはカフェ情緒というものがないから、それを興してみよう」と盛り上がります。

彼らはパリのカフェの雰囲気を求めて、セーヌ川ならぬ隅田川沿いで店を探したもののコーヒーを出す店が見つからず、最初は隅田川沿いの西洋料理店で会を催しました。ただし往時のパリのカフェとは異なり、すぐに酒宴になったそうです。

ギリシア神話の放埓《ほうらつ》な牧神、パンの名にちなんで「パンの会」と名付けられたこの集まりは、耽美派の新しい芸術運動の拠点になりました。彼らはいくつかの西洋料理店で会合を重ねますが、そんな彼らが集まった店の一つが、1910（明治43）年に日本橋で開業した「メイゾン鴻《こう》の巣《す》」でした。最初は酒場、後にフランス料理屋となったこの店を、木下杢太郎は詩集『食後の唄』（1919年）の序文の中で「まづまづ東京最初のCafé と云《い》つても可《よ》い家」と記しています。それくらい食後のコーヒーにも力を入れていた店だったようです。

1911年3月、こうした文人たちの活動から生まれたのが銀座の「カフェー・プランタン」。パンの会に啓発された洋画家の松山省三が、画家仲間の平岡権八郎とともに、芸術家たちの語り合うサロンとして開業した店です。フランス語で「春」を意味するプランタンという名は、松山の親友だった小山内薫の命名です。コーヒーの他、洋酒や軽食も提供し、給仕係に女性、すなわち「女給」を置いたのが特徴でした。当初は会員制を導入し、松山や平岡の師である黒田清輝をはじめ、森鷗外、永井荷風、北原白秋など当時のインテリ、文化人が集まりました。このためか、一般客には敷居が高い店だったようです。ちなみにその後、関東大震災でプランタンの銀座本店が焼失したため、一時期だけ牛込に支店を出しましたが、この店に平岡らが上海で買った麻雀牌を持ち込んだことで、麻雀ブームが起きました。このためプランタンは「日本麻雀発祥の地」とも呼ばれています。

続いて1911年8月、銀座に開業したのが「カフェー・ライオン」。こちらは料理が中心で、コーヒーや酒類も提供し、やはり女給を雇っていました。現在の「銀座ライオン」や「ビヤホールライオン」などのはじまりとなる店です。

日本コーヒー史の原点「カフェー・パウリスタ」

そして同じく銀座に1911年12月開業したのが「カフェー・パウリスタ」。ブラジル移民の父と呼ばれた水野龍《りょう》が開いた店です。

皇国殖民会社の社長だった水野はサンパウロ州政府から、日本からの移民の輸送に貢献した見返りに、コーヒーの無償提供を受けることになりました。ちょうどブラジルが過剰生産から価格維持政策（167頁）を行っていた時期で、日本を新たな市場として消費拡大を図ることがサンパウロ側の狙いでしたが、それがブラジル移民たちの経済支援にもなると考えた水野は、大隈重信の助力のもとカフェー・パウリスタを設立します。実際は6月に大阪の箕面《みのお》で先に開業しましたがそちらは早期に閉店したようです。

パウリスタ最大の武器は、原価ゼロの生豆が可能にした「安さ」でした。値の張る洋酒や洋食でなくコーヒーがメニューの中心で、女給ではなく男の給仕（ボーイ）を雇って、チップ不要、コーヒー一杯だけの客も歓迎したため庶民や学生客が集まります。芥川龍之介や慶應義塾の文芸誌『三田文学』の久保田万太郎ら、平塚らいてうの青鞜社《せいとうしゃ》の女流作家たちが集まり、文化の発信地にもなりました。

さらに北は北海道から南は九州、そして上海にまで支店を開いて、初の喫茶店全国チェーンとなります。そのスタッフからは後のキーコーヒーや松屋珈琲などの創業者たちをはじめ、コーヒー業界を支える人物も多数輩出されました。パウリスタは日本のコーヒー史における一つの原点だと言えるでしょう。

その後、3年の予定であったコーヒー豆の無償提供は12年間続きますが、アメリカがコーヒーブームを迎えて価格が上昇すると打ち切られます。関東大震災で銀座パウリスタが倒壊していたこともあり、これを期に各店が分立営業し、本体は焙煎会社になりました。これが現在の日東珈琲で、1970年には銀座にカフェー・パウリスタを再建しています。

水商売系の「カフェー」

ところで、先ほどから「カフェ」ではなく「カフェー」と語尾を伸ばして書いていることに、皆さんお気づきでしょうか。この本では、大正から昭和半ばまでのものを「カフェー」と呼んで、平成以降の「カフェ」やフランスのカフェと区別しています。前者の「カフェー」は1920年代にはコーヒーを売る店ではなく、水商売や風俗業の一業態になっていったからです。

カフェーが世に出てしばらく経つと、どこの店の女給の誰それが可愛い、ということが男たちの話題になり、彼女らを目当てにカフェー通いする客も現れます。じつは当時の女給は給料を店からもらっておらず、収入源は客からのチップだけ。チップをはずんでもらうには、そんな男たちでも無下にはできません。

また酒を出すカフェーでは次第に女給たちがお酌や接待をするなど、今でいうホステスのような役割になりました。こうしてカフェーは今で言うキャバレーやバーなどと同じ水商売（と言っても、バーもキャバレーも、海外では水商売ではなく飲食店なのですが）に変わっていきます。

特にそれが顕著になったのは、1923年9月1日の関東大震災以降です。震災からの復興のとき、東京には料理屋やカフェー、喫茶店などの新しい小飲食店が一気に増えました。中でも激増したのが、水商売系の「カフェー」でした。

震災後の東京はカフェーの全盛時代だといってよいほど到る處《ところ》に雨後の筍といった様にカフエーが出来てゐる。（略）然しカフエーの繁昌加減はコウヒーのうまさか、料理の上手下手かそれよりも女給の如何《いかん》によるといった方がよいかも知れぬ。（略）カフエーに欠くべからざるものは、美しい女給である。美しい女給がカフエーの内容であり、看板である。

（1926年、婦人職業研究会編『婦人職業うらおもて』28－32頁）

（公娼や私娼、芸妓と比べて）カフエの女給は自由だ。春を売らうと売るまいと本人次第だし、働いてゐる店だつてかへたければいつだつてかへられる。（略）現代におけるカフエ氾濫の最も大きい理由の一は、この自由で、明るい女給の存在に起因するのだ。まことに日本のカフエから、女給をひいてしまつたら、何も残らぬ。

（1931年、小松直人『カフエ女給の裏おもて』2頁）

冗談みたいな名前ですが、銀座のカフェー・ライオンの近くには「カフェー・タイガー」という店が開店し、美人ながらも素行の悪さでライオンを首になった女給が雇われて、お色気路線の営業が行われます。しかしさらに過激なサービスを売りにする大阪のカフェーが東京に進出して、タイガーですら生温くなってしまいました。なかには性的サービスそのものを売りにする、いわゆる風俗店のようなカフェーも現れます。カフェーは「エロ・グロ・ナンセンス」時代の夜を彩る花形になったのです。

日本のファーストウェーブ?「純喫茶」

一方、これらのカフェーと一線を画してコーヒーや軽食だけを扱おうとする店もありました。この頃、日本では女性の社会進出が始まり、先の戦争や震災で寡婦となった女性たちも生活のために小飲食店を開きます。健全路線の店、特に変な客が寄り付くことを避けようとした店は、もともと洋菓子店や台湾喫茶店が用いていた「喫茶店」を名乗るようになりました。1925年頃には、酒や女給を置く「カフェー」、これらを商わない「普通喫茶店」、そして中間的な「特殊喫茶店」という分類があったようです。

さて、1930年頃にカフェーはその全盛期を迎えますが、一方では社会風紀を乱す元として社会問題化します。戦争へ向かう時代を背景に、綱紀粛正を狙う警察当局は、1929年に「カフェー・バー等取締要項」を発令。カフェーの規制に乗り出して、増加に歯止めがかかりました。

それに代わって増加したのが、健全路線の普通喫茶店です。こうして1930年代に日本で最初の喫茶店ブームが到来しました。この時期、1929年からの世界大恐慌でコーヒーの原料価格が低下していたことも後押しして、酒や女給を置かない喫茶店ではコーヒーがそのメニューの中心でした。このような喫茶店が1930年代前半には「純喫茶」と呼ばれるようになります。

開業志望者向けにコーヒーの知識や淹れ方を解説したり、開業指南する本や雑誌なども増えました。1929年、関西でコーヒー会社を営む星隆造が著した『珈琲の知識』など、1920年代アメリカのコーヒーブーム時の情報がこの時の日本に紹介されています。『喫茶街』『茶と珈琲』などの専門誌も発刊されました。

こうしてコーヒー店が増えて裾野が広がると、他店と差別化するため、品質に力を入れる店が現れてきます。こだわりを持つ店主や、そこに集うコーヒー通たちが、店や誌上で意見を交わし、技術を研鑽して、日本独自のコーヒー文化を醸成していったのです。

この時代も、日本に輸入されるコーヒーは当初はブラジル産が中心でした。1929年に星隆造がサンパウロ州政府と輸入契約を結び、翌年には喫茶「ブラジレイロ」を全国展開します。1932年には旧三井物産との契約の下、ブラジル政府直営のブラジルコーヒー宣伝販売本部が銀座に開かれ、豆販売と喫茶営業を行い、各地の喫茶店とも提携してブラジル産コーヒーを供給しました。

その後、1930年代半ばになるとコロンビアやコスタリカ、1937年にはブルーマウンテンの輸入も開始され、コーヒーブームはますます盛況を迎えます。日本の統治下にあった台湾でもコーヒーが栽培され「国産コーヒー」として話題になりました。

戦争と復興

こうして花開いた戦前のコーヒーブームも、1938年に国家総動員法が発令されると、事態が一変します。コーヒーは輸入規制の対象となり、太平洋戦争が開戦するとともに極度の品薄状態に陥ってしまったのです。1944年には完全に輸入停止に陥り、国内では豆や穀物から作る代用コーヒーが横行。またコーヒー関連の書籍も戦火で焼失して、戦前までのコーヒー文化は一旦、ここで途絶えてしまいました。

1945年の終戦後もコーヒー不足は続き、かろうじて入手可能だったものは、米軍から払い下げられる缶詰のコーヒー粉か、戦時中に誰かがこっそり隠していたものくらいでした。しかし、乏しい資料や記憶を手がかりに、戦前飲んでいたコーヒーを復興しようと取り組む人たちが現れます。戦時中、アメリカでは品薄ながらも市場に出回りつづけたことでコーヒーが次第に薄くなり、最終的にアメリカンが定着しましたが、日本では完全に供給が途絶えていたことが、戦前の記憶を受け継ぐことにつながったのかもしれません。

1950年にコーヒー豆の輸入が再開されると、現在のUCCやキーコーヒーなど多くの会社が本格的にコーヒー事業に参入し、国内のコーヒー消費量や喫茶店の数も増えていきます。この時期はコーヒー中心の純喫茶よりも、ジャズ喫茶や名曲喫茶など、個人が所有するには高価だったレコードプレイヤーで音楽を聴く店や、合唱するのが目的の歌声喫茶など、コーヒー以外が目的の、娯楽の場としての喫茶店が流行しました。

一方、戦前から風俗店化していた「カフェー」のほうは、GHQによる公娼制度廃止時に多くの遊郭がカフェーや料理屋に看板を付け替えたことでそれらと同一化していき、1957年の売春防止法施行でその幕を閉じました。

コーヒーの大衆化

戦後の経済成長がつづく中、1960年には生豆輸入が自由化、1961年にはインスタントコーヒーが完全自由化されます。この頃からインスタントコーヒーの国産化も進み、戦後の食事の西洋化とも重なって家庭に広がっていきました。1965年には三浦義武が世界ではじめて缶コーヒーを考案しますが普及にはいたりませんでした。1969年にＵＣＣが独自にミルク入りの缶コーヒーを開発してから全国的に普及していくのです。

また１９６４年からは日本も国際コーヒー協定（１７９頁）に参加します。ただし消費振興のための「新市場国」で、日本との取引分は生産国の輸出割当に含めなくていいという「枠外」での取引が行われました。生産国では等級の高い豆を「枠内」用に優先したため、日本には安い低級品が多く流れ込みます。ただでさえアメリカなどで低品質だと批判されていたものよりも、さらに質が劣る豆がこの時期の日本にきていたことになります。

しかし、あまり質が良くなかったにせよ、コーヒーが手軽に安く買えるようになったことも事実です。さらに、インスタントや缶コーヒーの普及、全日本コーヒー協会（１９５３年発足）の宣伝広報活動によって、コーヒーは一層、身近な飲み物になっていったのです。

「でもしか喫茶」と日本最大の喫茶ブーム

１９６０年代にピークを迎えていたジャズ喫茶や名曲喫茶は、家庭へのレコードの普及などで１９７０年代には衰退していきました。その代わりに急増したのが、コーヒーや軽食を主体とする個人・家族経営の喫茶店です。

１９７０年、いざなぎ景気の終了でサラリーマン生活に見切りを付ける人々が現れました。この「脱サラ」が流行語になり、社会現象化したのが１９７１年。彼ら「脱サラ組」

の中から、一国一城の主を夢見て、喫茶店を独立開業する人々が大勢現れたのです。彼らはなぜ他の商売ではなく喫茶店を選んだのでしょうか。その大きな理由は喫茶店がもっともお手軽な自営業だと思われていたからです。洋食屋などの本格的な飲食店を開くには、それなりの料理の腕が必要だと尻込みしても、純喫茶のような「コーヒーと軽食を作って出すだけ」なら何とかなると考える人がほとんどでした。

こうした風潮から「でもしか喫茶」なる言葉が生まれたのもこの頃です。「脱サラして喫茶店でも始めようか」「私には他の業種は無理だから、喫茶店くらいしかできない」という軽い気持ちで始める喫茶店への揶揄《やゆ》が込められた言葉です。

実際この当時、喫茶店の開業が手軽になっていました。１９６７年に飲食店や喫茶店の個人事業主への貸し付けを行う環境衛生金融公庫が作られ、資金調達が容易になっていました。また開業希望者を相手にコンサルティングを行う人や会社も現れ、とりあえず彼らの言う通りにすれば、だいたいは開業まで漕《こ》ぎ着けられたのです。

「コーヒーと軽食を作って出すだけ」の人たちは開業後、既存の焙煎企業から焙煎した豆や、コーヒー以外に必要な砂糖やミルク、消耗品も一緒に買うようになりました。この手の店が増えるに従い、焙煎企業が卸業者や営業コンサルタント的な性格を強めていきます。やがてケーキや軽食の材料、新メニューの提案などにまでお膳立てを求める、他業者に「おんぶにだっこ」な喫茶店主も現れます。逆に、こうした業者の勧めるままに色々な機材を買って開業した結果、借金で店を失う羽目になる、なんてことも当時は珍しくなかったそうで、ある意味、どっちもどっちだったと言えるかもしれません。

一方、全国チェーンやフランチャイズの喫茶店の進出も始まります。例えば、ドトールコーヒー（1962年創業）が1980年に始めたコーヒーショップは、セルフ式で安価にコーヒーと場所を提供する、いわゆるセルフカフェの先駆けになりました。他の焙煎企業も喫茶店への卸だけでなく、直営店を増やしてこれに対抗します。こうして競争が激化すると、個人経営の喫茶店は大手と別の路線で生き残る方法を探すか、どこかのフランチャイズに入るか、あきらめて店を畳むか……苦しい立場に置かれていったのも事実です。

こうして1970年代から喫茶店は増加していき、1981年にその数は個人、法人を併せて全国で15万軒を超えました。うち13万軒が個人事業主によるものです。日本で史上最大の喫茶店ブームの頂点にして「黄金期」と呼ぶにふさわしいのがこの時代です。

日本のセカンドウェーブ？　「自家焙煎店」

喫茶店数の急増は激しい競争を生み、一部の喫茶店主は「コーヒーのおいしさ」で他店と差別化しようと考えました。彼らが最初に力を入れたのは抽出です。ペーパードリップやネルドリップ、サイフォンなど、それぞれ自分の店に合った抽出技術に磨きをかけ、たくさんの銘柄のコーヒー豆を常備して、注文を受けるたびに1杯分ずつ抽出して提供する、いわゆる「一杯淹《だ》て」が常態化していきました。

意外に思われるかもしれませんが、このような「コーヒー自体のおいしさを売りにする専門店」が流行するのは、じつは歴史的に見て、とても珍しいことでした。ヨーロッパのコーヒーハウスやカフェはあくまで人の交流が中心で、コーヒーは（エスプレッソを除けば）出来るだけまとめて淹れるのが一般的。おいしさの追求は好事家たちが個人で行うものでしたし、アメリカでも「一杯淹て」を売りにする店が増えたのは21世紀に入ってから。おそらく、この当時の日本が初めてだったと言っていいのではないでしょうか。

しかし、いくら抽出技術を研鑽しても、同じ仕入れ元から卸した豆を使っている限り、他店と差を付けるのにも限界があります。そこで他店と一味違うコーヒーを追い求めた店主たちが行き着く答えが、自分で焙煎を行う、つまり「自家焙煎店」を開くことでした。

とはいえ、手軽な喫茶店に比べて、自家焙煎店となるとそう簡単にはいきません。自家焙煎に必要な焙煎機は、富士珈機（ブラジレイロ機械部の後身）などの会社から購入すれば基本操作の説明は受けられましたが、焙煎方法に関する解説書や情報源も限られ、自分の思い描くコーヒーを作るためには自ら試行錯誤を繰り返すほかありませんでした。

一方で終戦間もない頃から、自分でコーヒーを焙煎する小さな喫茶店は日本各地に点在していたため、多くの店が彼ら先達を手本にし、一部の人は直接その店で働かせてもらいながら抽出や焙煎を「修業」する……という、職人の徒弟制度にも似た慣習が生まれます。

戦後初期からの自家焙煎店の多くは、深煎りでネルドリップが中心だったため、このスタイルを受け継ぐ人たちが増えていったようです。また、このころ日本に輸入されていたあまり良くない品質の生豆を、焙煎や抽出の工夫で出来るだけおいしく飲めるよう試行錯誤した結果が、このスタイルに繋がったとも言われています。

やがて彼らの下から独立開業したり、独自に技術を磨いた人たちによって、自家焙煎店が注目されはじめると、自家焙煎の開業希望者も増え、彼らを対象とした起業セミナーやコンサルティングなども増えていきました。また『喫茶店経営』(柴田書店、1970年創刊)などの業界誌で、有名店の焙煎や抽出方法が特集されるなど、雑誌や書籍から情報を得やすくなるにつれて、コーヒー談義が白熱し、技術や理論が掘り下げられていきました。

『喫茶店経営』の編集長を務めた嶋中労《ろう》は、著書『コーヒーに憑かれた男たち』の中で、当時を代表するコーヒー人たちの系譜を描いています。同書では、終戦後まもなく開業して自家焙煎を広めた人物として、銀座「カフェ・ド・ランブル」の関口一郎と、大阪で「リヒト」「なんち」などを営んでいた襟立博保《えりたてひろやす》が紹介されています。さしずめ、終戦直後の「東西の両巨頭」といったところでしょうか。

さらに嶋中は、ランブルの関口に加え、襟立を生涯の師と仰いだ吉祥寺「もか」の標交紀《しめぎゆきとし》、合理的思考に基づき、独力で焙煎技術を体系化した南千住「カフェ・バッハ」の田口護《まもる》の3人を、70年代以降の東京を代表する「自家焙煎店の御三家」として挙げていますか。（もちろん、ほかにも多くのコーヒー人が日本各地で活躍していたことは言うまでもありません）。

こうした人々の手によって、日本独自の「自家焙煎店」のコーヒー文化が花開き、どんどん深化していったのです。一方で、専門化する自家焙煎店と、いわゆる普通の喫茶店の二極化が進んでいったのもこの時代です。

1980年代後半は「喫茶店冬の時代」

1980年代後半、日本はバブル時代を迎え好景気に沸き立ちます。それに伴って、喫茶業界には逆風が吹き始めました。「好景気なのに？」と、ちょっと意外に思われるかもしれません。しかし喫茶店はどちらかというと不況時のほうが有利な業種なのです。

コーヒーを中心にする店では原価が比較的安いので「利益率」はそこそこ良いのですが、客が「コーヒー1杯でテーブル1つ占める」ことから、時間当たりの客単価が安く「利益高」はあまり高くなりません。バブル時代の地価高騰によって、テナントとして他の建物に入っている店などでは家賃も高騰したため、売り上げが追いつかなくなっていきます。また、原料を輸入に頼るコーヒーでは、バブル時の円安も原価の上昇に繋がりました。

バブル時代の日本では、いわゆる「グルメブーム」もはじまったのですが、人々の関心はもっぱら、目新しいものや珍しくて高級な食品のほうに集まります。マスメディアもティラミスのヒットを皮切りに、ナタデココ、パンナコッタなど、次から次に新しい「ブーム」を作ることにやっきになり、コーヒー自体を売りにするスタイルの喫茶店は次第に置き去りにされていきました。

こうして世間の好況とは裏腹に、喫茶店は相対的に「儲からない商売」になっていったのです。その結果、多くの店が廃業したり、他業種に転換したりしました。

日本のサードウェーブ？　平成の「カフェ」ブーム

1991年3月のバブル崩壊によって日本は苦境を迎えますが、その一方で喫茶業界では「冬の時代」に終わりが訪れます。リストラによる中途退職者、就職氷河期に直面した若者たち、そしてバブル時代の共働き世帯の増加にともなって増えていた「働く女性」の中からも、新たに喫茶店の開業を考える人々が増えはじめました。

1970年代のブーム時と異なり、バブル期に海外旅行して欧米のカフェに行った体験やインターネットの普及によって、直接、海外のカフェ事情を知る人が増え、それをモデルにオープンテラスを設けたり、洒落たメニューやランチを売りにする新しいスタイルの喫茶店が生まれていきます。この頃、ちょうど日本のグルメブームのトレンドは、エスニック料理や無国籍料理で、比較的「自分流」にアレンジしやすかったこともあって、メニューに取り入れる店も増え、コーヒー以外の食事の分で、ある程度の客単価を得られるようになっていきます。

1990年代中頃には、このような新世代の喫茶店を「カフェ」と呼ぶことが一般化していきました。オシャレな雰囲気のカフェは、テレビや雑誌で大きく取り上げられてブームを巻き起こし、「昭和風」と言われる自家焙煎店の雰囲気を敬遠しがちだった若者や、女性たちも興味を示すようになっていったのです。

こうして日本のコーヒー史を振り返ると、20世紀に入ってから、20年代、70年代、90年代の過去3回、喫茶店の急増期があったことがわかります。そして20年代のカフェーの流行からは純喫茶、70年代の喫茶店大流行からは自家焙煎店と、それぞれの時代で喫茶店の裾野が広がった後で、コーヒー特化型の店が頭角を現すというパターンが見られます。

そして90年代のカフェの増加からも、新しいタイプのコーヒー専門店が現れました。それが、アメリカからの影響を色濃く受けた店……生豆の品質を重視する「スペシャルティコーヒー」の専門店や、皆さんご存じの「スターバックス」に代表されるエスプレッソメニュー主体のコーヒー店です。

ここから日本のコーヒーは、また新時代を迎えるのですが、まずはそのルーツであるアメリカで何が起こっていたか、次章で解説しましょう。

10章　スペシャルティコーヒーをめぐって

1960年代の国際協定の下で「国際商品取引の優等生」になった、ファーストウェーブ時代のコモディティコーヒー。しかし、それが生み出す数々の歪みに不満を唱える人々は、少なからず存在しました。彼らの声によって、より質の高い「特別な」コーヒー、スペシャルティコーヒーが生まれます。しかしその一方で、1990年に突発した「コーヒー危機」によって、コーヒー業界は大転換を迫られました……。この章では、スペシャルティ誕生の経緯から、20世紀末にかけての世界の動きを見てみましょう。

スペシャルティコーヒーの祖父

戦後、品質低下していく一方だったアメリカのコーヒーに我慢できなかった人物の代表格が、アルフレッド・ピートです。1920年、オランダの焙煎業者の家に生まれた彼は、コーヒーと茶を扱う会社に就職し、紅茶の鑑別士としてインドネシアやニュージーランドを巡った後、1955年にアメリカに移住しました。世界各国のコーヒーを飲んできた彼は、世界でいちばん裕福なはずのアメリカが、世界でいちばんまずいコーヒーを飲んでいると驚き、憤ります。

彼は1960年頃から自家焙煎を始め、1966年にカリフォルニア州バークレーで「ピーツ・コーヒー&ティー」を開業しました。すぐに彼の店は、ヨーロッパのコーヒーを懐かしむ移民たちや、近所にあったカリフォルニア大学の学生、ヒッピーたちで賑わいます。その中には、後のスターバックスの創業者たちの姿もありました。その後、彼は１９７９年、後継者に店を売却し、２００７年に亡くなっています。

彼の店は席数が少なく、自家焙煎した豆の小売りが中心でした。コロンビア、グアテマラ、ケニア、スマトラ島などの上質な生豆を、当時のアメリカの主流よりずっと深くまで焙煎した「高品質な深煎りコーヒー」で、特にスマトラ島マンデリンのエキゾチックな味わいは、今でもアメリカのコーヒー業界人たちの間で「伝説」になっているほどです。

彼のコーヒーのスタイルは、後述するスペシャルティ――浅煎り派が大勢を占めたスペシャルティ初期、エスプレッソ提供が中心のスペシャルティ後期――のどちらとも異なります。しかし品質軽視の戦後アメリカで、コーヒーの香味にこだわった点は共通で、スペシャルティが生まれるきっかけをつくったことから「スペシャルティコーヒーの祖父」と呼ばれています（実際には、彼の少し前からサンフランシスコでは高品質志向の同業者たちが現れていたようで、彼だけがこれほど注目されてきたのは、スターバックスのルーツにあたる人物であることも関係しているのかもしれません）。

スペシャルティコーヒーの生みの親

アルフレッド・ピートが祖父ならば、エルナ・クヌッセンは「スペシャルティコーヒーの生みの親」でしょうか。子供の頃にノルウェーからアメリカに移住し、若い頃はウォール街でモデルをしていたという彼女は、その後コーヒーやスパイスを輸入するカリフォルニアの会社に社長秘書として就職します。そこで味覚・嗅覚の鋭さを買われてカップテイスター（コーヒー鑑定士）として活躍するようになりました。

「スペシャルティコーヒー」という言葉は、彼女が最初に使いはじめたと言われているので「生みの親」と呼ばれます。１９７４年の『ティー&コーヒー・トレードジャーナル』誌上で使ったのが初出で、その後１９７８年の国際コーヒー会議の講演で使ったことで、コーヒー関係者に広まりました。

彼女が唱えた「スペシャルティコーヒー」の定義は、「特別な地理的条件から生まれる、特別な風味のコーヒー」です。エチオピア・イェルガチェフ、イエメンモカ、インドネシア・スラウェシ島のカロッシなどの銘柄がその代表例でした。

生豆の品質と焙煎（度合い）の両方にこだわったピートに対し、クヌッセンが注目したのはある意味「生豆だけ」。そのかわり産地ごとの特別な風味、すなわち「生豆の個性」という考えを強調したのです。世界中の生豆を集めてカッピング（コーヒーの官能評価）する、輸入会社のカップテイスターならではの考え方かもしれません。

いずれにせよ、クヌッセンが「名前」を生み出したのは重要なことでした。この命名によって、それまで目には見えても、煙のようにもやもやしていた「高品質なコーヒー」のイメージが、はっきりとした姿をもつ「実体」として人々に認識されはじめたのです。

ジョージ・ハウエルの「汚れなきコーヒー」

1970年代から80年代半ばにかけてのスペシャルティは、ピートとは対極の「浅煎り派」が主流でした。その代表が1975年にボストンで「コーヒー・コネクション」を開店したジョージ・ハウエルです。60年代後半からのサンフランシスコ暮らしで、高品質なコーヒーを体験していたという彼は、1974年に移住したボストンのコーヒーに満足できず、クヌッセンから生豆を買って自家焙煎を始めました。

彼のコーヒーのスタイルは、上質な水洗式の生豆を浅煎りにしてフレンチプレスで提供する、というものでした。中でも彼が重視したのは「クリーン」という概念です。彼は、精製の途中段階で生豆に付く全ての臭いは「汚れ《よご》(taint)」であり、それが一切カップの中に混じらない「クリーンカップ」であることが、スペシャルティの絶対条件だと断言しました。特にブラジルの乾式精製を、地面からの汚れや臭いが付くと批判し、中米などの水洗式なら汚れが付かないと高く評価します。

またクヌッセンの定義から、それぞれの産地の地理的条件の中で生豆が獲得している「個性」を損なうことなく表現するために、「浅煎り」でなければならないとも主張しました。その背景には、彼の活動していた西海岸やボストンが、アメリカの中でも戦前から「浅煎り」の地域だったこと（187頁）も影響していると思われます。

彼の主張は多くの「信奉者」を集めますが、一方で、その極端さゆえに賛否が分かれます。例えば、コーヒー評価サイト「コーヒー・レビュー」を主宰するコーヒー研究家、ケネス・デイヴィッズは、ハウエルら「クリーンカップ派」のカップテイスターを「清廉潔白なコーヒーに『お裁き』を下す説教師のようだ」と若干の皮肉混じりに喩えています。

その後、水洗式でも発酵過程で香り成分が生じていることが科学的に証明され、乾式精製でも精製過程で付く香味が再評価されるようになった今では、ハウエルらの当時の主張は間違いだったと言わざるを得ません。しかし彼が若かった時代の乾式精製のブラジルと、水洗式の中米の品質差は大きく、そう勘違いしたのも仕方なかったのかもしれません。

SCAAの発足

1970年代からスペシャルティに対する関心は徐々に広がったものの、それでもコーヒー業界全体から見ると、そのシェアはわずか1％にも及びませんでした。そんな中、1982年、アメリカ・スペシャルティコーヒー協会（SCAA）が発足します。「SCAA創立の父」ことドナルド・ショーエンホルト（ギリス・コーヒー／ニューヨーク）や、後にカップテイスター向けの教本を作成したことで知られるテッド・リングル（リングル・ブラザーズ・コーヒー／カリフォルニア）をはじめ、当初はコーヒー輸入に携わる42の中小業者で結成された、比較的こぢんまりした集まりでした。

彼ら「輸入業者」が中心となってSCAAを結成した主な理由は3つあります。一つはまとまった取引量を確保するためです。基本的に生豆は、生産地で大量にまとめて精製処理し、輸送コンテナ（17〜18トン）当たりいくらで取引される商品です。「この農園の豆だけ10袋（600kg）売ってくれ」と言っても、多少の値段では作るほうも運ぶほうも採算があわず、相手にして貰えません。しかし結託してまとまった量を「まとめ買い」できれば、耳を貸す相手が出てきます。

ところが、そうして高品質な豆を人気の高い中米から輸入しようとしたとき、次の壁が立ちはだかります。国ごとに輸出量に上限を設ける「国際コーヒー協定」です。これが協会結成の理由の二つ目です。1975年のブラジル大霜害以降、市場価格の高騰で輸出割当制度は撤廃されており、これが中米産の上質なコーヒーの入手を容易にしてスペシャルティ普及を後押ししていました。しかし１９８３年には新協定が結ばれる予定だったため、引き続き制限緩和が続くよう、ロビー活動のためにも団結が必要だったのです。なお、その甲斐あって新協定では、市場価格が一定以上の時という制限付きながら、輸出割当の制限無しで取引できるというかたちにまとまりました。

そして三つ目はスペシャルティの認知度向上です。彼らが結託して宣伝活動を行ったことで、１年後には市場の３％、１９８５年には５％……と「高品質なコーヒー」は一歩一歩アメリカに広まっていったのです。

コーヒーブレイク

スペシャルティって、どうスペシャル？

さて、この「スペシャルティコーヒー」。そもそも、スペシャル（特別）かそうでないかの品質の違いは、誰がどうやって決めているのでしょうか。

スペシャルティ登場以前のコーヒー業界では、ブラジル方式に代表される、生産国での「格付け」が品質評価の主流でした。ただし、これはいわゆる「減点制」。コーヒー豆は農産物なので、どうしてもカビや虫食い、未熟のまま収穫された豆などの混入が避けられません。その種類と混入数に応じて「欠点数」を算出し、その点数ごとに等級分けする方式で、産地によっては生豆の大きさや標高による選別と組み合わせて行います。いずれにせよ「香味に問題ないレベル」のものを「出来るだけ多く」生産するのには、適したやり方だと言えるでしょう。

これに対してSCAAなどのスペシャルティは「加点制」。カッピングフォームと呼ばれる採点表にしたがって、香りや酸味などの香味の要素ごとに点数をつけ、その総合点で評価する採点方式です。「香味に問題ない」程度ではクリアできず、いずれかの特徴が秀でていないと合格できないよう、及第点は高めに設定されています。ブラジル方式とSCAA方式とでシステムは異なりますが、どちらもそれぞれ規定の研修教育を受け、実地試験に合格した認証制の鑑定士の仕事です。

スペシャルティコーヒーかどうかの審査は、SCAA関連組織のコーヒー品質協会（CQI）によって行われます。CQIは各国の提携組織を通じて3名のQグレーダー（CQI認証鑑定士）に評価を依頼、全員が（原則として）80点以上をつければ合格です。なお、カップ・オブ・エクセレンス（COE・後述）ではSCAA方式とは若干異なるカッピングフォームを用い、また予選通過の点数も80、84、86点と、年々ハードルを上げているなど、違いが見られます。

なお、一応補足しておくと「スペシャルティ」と「スペシャリティ」は、アメリカ英語とイギリス英語の綴りの違いによるもので、どちらも間違いではありません。アメリカや日本の協会は前者、ヨーロッパは後者を主に用いています。

天下を取った異端児「スターバックス」

そして1986年、スペシャルティ業界を一転させる「あの会社」が登場します。そう、皆さんもご存じの「スタバ」ことスターバックスです。「あれ？　思ったより遅いな？」と感じたかもしれませんが、じつはスターバックスの創業自体は1971年。ピートの「深煎りの高品質コーヒー」に魅了されたジェリー・ボールドウィン、ゴードン・バウカー、ゼヴ・シーグルの3人がシアトルで始めた店です。しかし当初は、我々が知る現在のスタイルとは別物で、自家焙煎豆の小売りがメインの店でした。

それが現在のようなスタイルになったのは、敏腕経営者ハワード・シュルツの手によるものです。1981年に彼らの店を訪れ、その可能性を見抜いたシュルツは、翌年に入社して優れた経営手腕を発揮しました。しかしまもなく彼の興味は、エスプレッソを使った飲料販売に向かいます。

1984年、彼の発案で店舗の一つに併設したバール（エスプレッソ・バー）が大当たりし、こちらを本業にすべきだと主張するシュルツと、あくまでピートの自家焙煎店を理想とするボールドウィンとの間に見解の相違が生じます。結果的にシュルツは独立し、1986年にエスプレッソの店「イル・ジョルナーレ」を開業しました。

一方でボールドウィンは、売りに出ていた元ピートの店「ピーツ・コーヒー&ティー」を買い取りますが、その借金が祟《たた》って1987年に資金繰りが悪化します。ピーツとスタバ、どちらを手元に残すかの選択に迫られたボールドウィンが選んだのは、憧れていたピートの店でした。このときスタバがシュルツに売却されて「スターバックス」の名の下にイル・ジョルナーレと合併しました。現在のスターバックスのスタイルは、1986年にイル・ジョルナーレでシュルツが確立したものなのです。

シュルツの自伝によれば1983年、ミラノ旅行中に現地のバールに入って感動し、「これをスターバックスの豆で作ったら」と思ったのがきっかけだったとのこと。ただ開業当時からいちばん人気は、本格的なエスプレッソではなく、蒸気で泡立てたミルクたっぷりのカフェラテでした。このスタイルは「シアトル系」と呼ばれるようになります。

1980年代半ばのアメリカはファッションや食事その他でイタリアブームを迎えており、じつは以前からバールを開く人もちらほら現れていました。こうした時流を見逃さず、それまであまりコーヒーを飲まなかった「ライト層」をうまく取り込めたのが、シュルツの勝因だったと思われます。

「シュルツのスターバックス」は、実際にはスペシャルティ業界の後発組ですが、その躍進ぶりと、スターバックスではじめてスペシャルティの存在を知った人々が多かったことから、スペシャルティ業界を代表する「新時代の旗手」として、多くのメディアに取り上げられました。さらにその後追いでエスプレッソを売りにする店もどんどん増え、深煎り派に宗旨替えしていったのです。

このようにアメリカのスペシャルティ時代は、１９８６年を境にした前半と後半でずいぶん様相が違います。トリシュのいう「セカンドウェーブ」は、この後半のスタイルを指します……というより、彼女の定義では「スターバックスの台頭によって、自動化・画一化されたエスプレッソがアメリカに広まった時代」と捉えており、それ以前はスペシャルティもコモディティも、ファーストウェーブにまとめられてしまうのですが。

スターバックスはある意味、それまでのスペシャルティを「変質」させてしまったとも言えますが、その躍進なくして「スペシャルティコーヒー」というものがこれほど広く一般に浸透したかどうかも疑問です。スペシャルティ業界にとっては、功罪相半ばする、というところでしょうか。

日本に波及するスペシャルティ

アメリカで生まれたスペシャルティコーヒーの波は、5〜10年ほど遅れて日本にも上陸します。１９８７年、高品質なコーヒーに注目する企業連合が設立した「全日本グルメコーヒー協会」が、その日本における先駆けになりました。本格的に注目されるようになったのは、1990年代のカフェブームの到来後。「自家焙煎の御三家」の中で、以前から生豆の品質の重要性を唱えていたカフェ・バッハも、スペシャルティの動きにいち早く目を付けた店の一つで、この頃から自分たちのスタイルにうまく取り入れて融和させ、進化させていく自家焙煎店が現れます。

ただ、その最大の転機になったのは、1990年代半ばの、スターバックスの日本上陸だったと言えるでしょう。北米で社会現象にまでなったスターバックスが、世界に進出する足掛かりとして最初に選んだ国──それが日本だったのです。

新しいスタイルのコーヒーを世界に広めるに当たって、古い伝統が定着しているヨーロッパや、まだコーヒー自体が根付いていなかった韓国や中国などに比べ、1990年代からカフェブームを迎えていた日本にビジネスチャンスを見出したのは、必然でした。

日本に白羽の矢が立った背景には、日本のコーヒー文化が「ガラパゴス化」していて、海外に知られていなかったことも関係したと思われます。特にアメリカ人にとっては、コーヒーは自分たちがヨーロッパから教わり、日本に教えたというのが一般的なコーヒー観でした。日本独自に「こだわり文化」が進化しているなんて、当時は誰も──当の日本人たちですら──はっきりとは認識しておらず、与《くみ》し易いと思ったのかもしれません。

じつは最初は1992年に、ホテルマリオットグループと組んで成田空港に直営店を出したのですが、上手くいかずに1年足らずで撤退します。その失敗から、日本市場を熟知したパートナー企業と提携する方針に切り換え、合弁会社「スターバックス コーヒー ジャパン」を設立。1996年に、銀座に「1号店」を出店しました。このとき組んだ相手は、オリジナルバッグや「アニエスベー」などのファッションブランドを手掛けるサザビー（現在のサザビーリーグ）です。

意外に思われるかもしれませんが、サザビーはもともと「アフタヌーンティー・ティールーム」や「KIHACHI」など、グルメ志向の飲食ブランドも手掛けており、そのノウハウを最大限に活かし、女性客を主なターゲットに大掛かりなメディア戦略を展開。これが見事に功を奏し、熱狂的な「スタバ旋風」が日本中に巻き起こったのです！

この成功を受けて「シアトル系」と呼ばれる、カフェラテなどを含めたエスプレッソメニューが、日本でも一気に市民権を得ます。タリーズコーヒーやセガフレード・ザネッティなどの海外企業も上陸し、ドトールコーヒーなどの国内チェーンもエスプレッソ中心のカフェを開設。個人営業のカフェでもエスプレッソを取り入れるところが増え、その中から、より本格的なイタリア式のエスプレッソを志向するバリスタたちも現れました。

また、アメリカのときと同様、日本でもスターバックスで初めて「スペシャルティ」の存在を知った人も多く、スタバの普及とともに、スペシャルティコーヒー自体の知名度も上がっていきました。日本のコーヒー関係者は前にも増してアメリカの動きに注目するようになり、ジョージ・ハウエルのように浅煎りをプレス式で抽出したコーヒーなど、シアトル系以外のアメリカのスタイルを取り入れる人々も現れます。こうして日本でもスペシャルティコーヒーの波が広がっていったのです。

なお、その後、2003年に全日本グルメコーヒー協会から、新たに「日本スペシャルティコーヒー協会（SCAJ）」が発足。SCAAなどの海外関係団体とも連携を深め、現在もスペシャルティコーヒーの啓蒙と普及活動に努めています。

冷戦が生んだフェアトレード

スペシャルティコーヒーは、画一化されて品質低下していくコモディティコーヒーに対する一つのアンチテーゼだったと言えますが、1980年代のアメリカではこれ以外にもいくつかの「コモディティへのアンチテーゼ」が生まれています。

その一つがフェアトレード（公正取引）コーヒー。一言で言うと「わずかな賃金で働かされているコーヒー生産者たちに、その労働に見合った公正な賃金が支払われるようにしよう」という活動理念から生まれたコーヒーです。

歴史的に見てコーヒーは、戦前は奴隷や植民地住民、戦後は発展途上国の住民から、労働力を搾取して生産されてきた作物です。そして、その現状を知った消費者の中には、生産者の窮状を解決したいと思う人々も、各時代に現れました。19世紀には、それがインドネシアの強制栽培への反対運動や、ブラジルでの奴隷解放につながったわけです。

そして、それと同じように1980年代、発展途上国の窮状を知った人々によって「フェアトレード運動」が起きた……というとシンプルに聞こえますが、この運動が盛り上がった大きな背景は、じつは「南北問題」よりも、むしろ「東西問題」。冷戦下での中米紛争に翻弄される生産者たちを助けるための政治運動が発端になっています。

当時の中米では親米派の軍事独裁政権による民衆の弾圧や搾取が横行し、それに抵抗する反政府ゲリラをソ連が支援していました。その結果、1979年にはニカラグア革命、1980年にはエルサルバドル内戦が勃発。これに対し、1981年に就任したタカ派のレーガン米大統領は徹底した反共主義を掲げ、ニカラグア革命政府への経済制裁、ニカラグア反共ゲリラ組織やエルサルバドルの親米政府への軍事支援などの介入を行います。

一方、アメリカ国内のコーヒー関係者の一部は、この政治介入が中米に混乱をもたらし、コーヒー生産者たちを苦しめていると反対運動を繰り広げました。その筆頭がSCAA3代目会長だったサンクスギヴィング・コーヒー（カリフォルニア）のポール・カツェフです。１９８５年、ニカラグア革命政府に招聘《しょうへい》されて農民の窮状を知った彼は、ニカラグアからの輸入停止措置の無効を求めてレーガン相手に訴訟を起こしたり、カナダ経由でニカラグア産コーヒーを輸入して売り上げの一部を革命政府に寄付したりと、派手なパフォーマンスでメディアの注目を集めます。

また彼は、ネイバー・トゥ・ネイバーという左翼活動家グループと共に「エルサルバドルのコーヒーは国民の血で出来ている」と、同国産コーヒーを使用する「ファーストウェーブ世代」の大手企業を名指しで非難し、不買運動を煽動しました。その結果、数社がエルサルバドル産の使用を中止。使用し続けた会社は抗議活動の標的になり、最終的に大手焙煎会社たちが政府にエルサルバドル情勢の沈静化を要請する事態に発展したのです。

こうして「フェアなコーヒー」を使うことは「企業の社会的責任（CSR）」と見なされるようになりました。１９８８年にはNGOのマックス・ハーフェラール財団によって国際的なフェアトレード認証制度なども始まり、各社がそうした認証コーヒーを使うことで、CSR活動に積極的な姿勢をアピールするようになっていきます。

また80年代後半からは、当時の欧米でのエコロジー・ブームを背景に、コーヒーの大規模栽培による環境破壊を問題視して、生産国の環境保全を訴える運動も盛んになりました。その旗印になったのが、熱帯雨林保全を謳った「レインフォレスト・アライアンス」

や、渡り鳥の生態系維持を謳った「バードフレンドリー・コーヒー」などの、いわゆる「エコ認証」コーヒーです。

これらもフェアトレードと同様、コモディティへのアンチテーゼの一面を持っています。少し穿《うが》った見方をするなら、当時から反コモディティ派の人々は、時事ネタをあの手この手で利用して、自分たちの発言力を強めようとしていたと言えるかもしれません。

コーヒーを襲った二度の危機

アメリカでスペシャルティやフェアトレードなどの動きが広がる中、1990年代に入ってすぐに急転直下の事態が発生します。コモディティコーヒーを支えてきた国際コーヒー協定が突然破綻し、コーヒー価格が大暴落を起こしたのです。

品質重視のスペシャルティも、公正取引のフェアトレードも、じつはコモディティという「普通のコーヒー」が業界全体を支えていたからこそ言えた話で、経済規模的には微々たるもの。市場価格の暴落は生産者の生活を脅かし、ひいてはコーヒー産業そのものを揺るがしかねない、危機的状況に陥ってしまいます。

その後、コーヒー価格は一旦持ち直すも、1997年から再び下落しました。この二度の暴落は「コーヒー危機」と呼ばれています。

【第一次コーヒー危機】

1980年代後半からのスペシャルティの台頭で、アメリカが高品質志向になるにつれ、国際協定の歪み（181頁）はますます深刻化していました。さらにこの頃、東西冷戦が収束に向かい、中南米の共産主義化を食い止めるという、アメリカが国際協定を支持した当初の政治的意義も薄れていきます。

そんな中、第五次協定が更新される予定だった1989年に、歪みの是正を迫るアメリカと、生産国の意見が真っ向から対立。これを調整不能と見た国際コーヒー機関（ICO）は、7月4日、突然すべての輸出制限を解除してしまったのです。これを受けて生産国が在庫を投げ売りし、1990年には市場価格が半値近くまで暴落しました。

これが「第一次コーヒー危機」と呼ばれる大暴落です。その後も価格低迷が続く中、交渉は難航し、アメリカは1993年にICOから脱退してしまいます。一方アジア、中南米、アフリカの生産国は、「コーヒー生産国協会（ACPC）」というカルテルを新たに結成して、生産国間で輸出割当の調整を行いはじめました。

【第二次コーヒー危機】

その後、1994年のブラジル大霜害で価格はしばらく持ち直しましたが、90年代末には再び価格が急落します。これが「第二次コーヒー危機」です。

この二度目の暴落を招いたもの、それは先ほどのACPCに非加盟だった「伏兵」、ベトナムの増産です。元々は生産量も少なく目立たない産地だったベトナムは、1986年のドイモイ政策以降、フランスや国際通貨基金（IMF）などの資金援助も受け、気候に適したロブスタ栽培に注力していました。これが1999年にはブラジルに次ぐ生産量世界2位になるほどの急成長を見せます。

また1990年代に、生豆を蒸気処理後に焙煎することでロブスタの香味を改善する方法が確立したことも、廉価なロブスタの需要を後押ししていました。1995年にはアメリカとの国交回復で対米輸出も解禁されます。これらが総合して供給過剰に陥り、価格が暴落したのです（メキシコやブラジル新興産地での増産も影響したと言われています）。

その後、2002年にコーヒー価格は底値に達し、その存在意義を失ったACPCは解散します。一方、これと同じ年にアメリカはICO復帰の意思を表明しました（実際の復帰は2005年）。2001年のアメリカ同時多発テロ事件を受けて、中米やアフリカがテロ勢力支援に回らないように、という政治的思惑もあったと言われています。

天下一（？）品評会

コーヒー危機の中、生産国側でも高付加価値なものを通常より高く取引しようという動きが高まります。そして1997年、ICOは国連の国際貿易センターと協同して「グルメコーヒーの可能性開発プロジェクト」（以下グルメプロジェクト）を立ち上げました。

このプロジェクトの目標は、生産技術や知識の乏しい発展途上国で高品質な「グルメコーヒー」を作り、プレミア価格で販売して農業振興が可能になるかどうかを検討することでした。3つの消費国（アメリカ、日本、イタリア）で市場のニーズが調査され、5つの生産国（ブラジル、エチオピア、ウガンダ、ブルンジ、パプア・ニューギニア）で創出が試みられます。

そして1998年、プロジェクト初のコーヒーが、ブラジルから出荷されました。ブラジルの認定コーヒー鑑定士らが採点し、アメリカにサンプルが送られたのですが、全てのコーヒー会社に「値段に見合う品質ではない」と買い取りを拒否されてしまったのです。

このままではプロジェクトの成否に関わると判断したICOは、翌1999年の品評会ではブラジル方式ではなく、SCAA方式で採点することを決めました。この決定はブラジルの誇りを傷つけ、議論が紛糾しましたが、最終的にアメリカを中心とする13名のカップテイスターによって審査が行われました。

じつは、このときの審査員の一人は「クリーンカップ派」のジョージ・ハウエル（21

5頁）です。彼の店「コーヒー・コネクション」は1994年、スターバックスの敵対的買収を受けて失われ、その後グルメプロジェクトの代表顧問になっていたのです。スペシャルティのお株を「深煎りエスプレッソ派」に奪われたものの、発言力は未だ健在でした。

彼以外のカップテイスターも、ケネス・デイヴィッズにテッド・リングルなど、当時を代表するビッグネーム揃い。日本からも、プロジェクト顧問の一人で、後に日本スペシャルティコーヒー協会（SCAJ）の会長を務めた林秀豪が参加していました。

こうして1999年、「ブラジル一のコーヒー」を決める品評会（カッピング・コンテスト）「ベスト・オブ・ブラジル」が開幕したのです！

このとき、品評会に集まったコーヒーは6つの地域から315点。その上位クラスは一流のカップテイスターたちを十分に満足させる出来でした。10位までに入賞した品には「カップ・オブ・エクセレンス（COE）」の名が冠せられ、その栄誉が讃えられました。

さらに、審査の席上で委員の一人が、入賞した豆のオークション販売を行うことを提案。当時SCAAが開設していたオークション専用サイトを使って開催することが急遽決定され、当時の平均取引価格1・3ドル前後（1ポンドあたり）に対し、1位の豆はその倍の2・6ドル、平均でも1・7ドルという高値で落札されました。

こうして第1回のベスト・オブ・ブラジルは大成功のうちに幕を閉じたのです。

終章　コーヒー新世紀の到来

話はそろそろ21世紀に差し掛かり、コーヒーの歴史を巡る長い旅も、終わりに近づいてきました。世紀末の、最後の最後にもたらされたグルメプロジェクトの成功は、一筋の光明となって、コーヒー生産国に新しい可能性を芽吹かせました。また、韓国や中国が消費国として急成長を遂げ、アメリカでは「サードウェーブ」の気運が高まっていきます。この章では現在までの流れを追いかけ、コーヒーの将来についても考えたいと思います。

カップ・オブ・エクセレンスの時代へ

ブラジルでのグルメプロジェクトの成功は、他の生産国にも大きく受け止められました。そして、ブラジルに続けとばかりに、グアテマラ（2001年）、ニカラグア（2002年）……と、次々に「カップ・オブ・エクセレンス」を決めるコンテスト&オークションを開催。いずれも成功をおさめていきます。

ただし、それは同時に、「グルメコーヒーの可能性を探る」のが目的だったプロジェクトが、その本来の役目を終えたことを意味していました。

そこで、この活動を継続するため、2002年にジョージ・ハウエルや林秀豪ら、旧グルメプロジェクトの顧問たちが中心となって「アライアンス・フォー・コーヒー・エクセレンス（ACE）」という非営利団体を結成します。それまではオークションやカッピング方法もＳＣＡＡと協同で事を進めていましたが、このときから袂を分かったかたちです。

それ以降、ＣＯＥの商標はＡＣＥが引き継ぎ、ブラジルほか11の加盟生産国で毎年開催しています。一方、ＳＣＡＡは標準的なスペシャルティを扱う傍ら、ＡＣＥ非加盟生産国との共催でコンテスト＆オークションも手掛けるようになりました。

その後もコンテストはますます盛り上がりを見せ、上位入賞の農園や品種がコーヒー関係者の注目を集めるようになります。なかでも特筆すべきものが２００４年、パナマに彗星のごとく現れた品種「ゲイシャ」です。

もともとこの品種は１９３０年代にエチオピア西南部のゲイシャ（またはゲシャ）という村で発見された野生種で、ケニア、タンザニア、コスタリカを経て、１９６３年にドンパチ農園のフランシスコ・セラシンの手で、パナマに広まります。耐さび病品種として植えたそうですが、収穫量が少なく、また当初は、その独特な香りが「バランスが崩れてコーヒーらしくない」と不評だったようで、後に他品種への植え替えが進められました。

ところが、２００４年の「ベスト・オブ・パナマ」で、エスメラルダ農園のピーターソン一家が、前の持ち主から買い取った畑の片隅に残っていた老木から採れた生豆を出品したところ、レモンやベルガモットを思わせる独特の香味が参加者たちの話題を独占。見事その年の１位になり、市場価格の20倍以上の21ドル（１ポンドあたり）という史上最高価格で落札されたのです。

その後ゲイシャは、パナマはもちろん、各国で栽培されるようになりました。この他、エルサルバドルで作出された品種「パカマラ（矮性品種パーカスと大型化品種マラゴジッペの交配種）」や、インドネシア、カメルーンを経て中南米に持ち込まれたエチオピア野生種「ジャバ」など、多様な品種が各地で注目されています。またエスメラルダ農園は、その後2008年から農園単独でのオークションを開催。他にもグアテマラCOE1位常連のエル・インヘルト農園などの有名農園が、独自オークションを開いています。

消費国側のコーヒー業者が生産者と直接交流する機会が増えて、農園から直接買い付けを行うダイレクト・トレードが活性化し、地域や品種だけでなく、特定の畑だけを選んで購入したり、買い付け後に精製方法を指定できるようにする農園も現れています。

2010年頃からは、それまで水洗式主体の産地で、乾式やハニー精製（20頁）を採用して、香味をコントロールする取り組みも始まりました。なかにはワインのボージョレ・ヌーボーで用いられているマセラシオン・カルボニック法（炭酸ガスを用いた浸漬法）などの変わった技法に挑戦する、進取の気性に富んだ人もいるようです。

こうして生産者たちは今現在も、高品質で特色ある「コーヒー作り」に力を入れています。もちろん、その取り組みのすべてが成功するとは限りませんが、多様な個性を持ったコーヒーが作られるようになってきたのは、まぎれもない事実だと言えます。

コーヒーに魅せられる東アジア

また21世紀以降は、国際協定の破綻にともなう未加盟国への輸出増加や、ブラジルのような生産国の経済発展に伴う国内消費の増加など、それまであまりコーヒーを飲んでいなかった地域での消費が拡大しました。顕著なのが、韓国と中国での急激な消費拡大です。もともと茶の文化が根付いていた東アジアでは、日本のコーヒー消費が突出して多く、生活の欧米化が早かった台湾がそれに続き、韓国と中国での普及は遅れていました。

韓国では1990年代頃から、インスタントコーヒーの消費量が増加していました。特に愛飲されてきたのが、1976年に東西《トンス》食品が開発した「コーヒーミックス」と呼ばれるもの。1杯分のコーヒーと砂糖と粉末ミルクの、3種類の顆粒が1つの袋に入っていて、袋の一端をつまんでカップに入れ、砂糖の量などを調節して飲むのが一般的です。

90年代、ベトナムのロブスタ増産がこうしたインスタントコーヒーの製造を後押しし、また1997年のアジア通貨危機のとき、韓国企業が経費削減のためにオフィス用の飲み物として常備したことが、普及に一役買ったと言われます。

そして1999年、スターバックスが韓国1号店を出店したのがきっかけとなって、日本以上に熱狂的な、カフェとレギュラーコーヒーの一大ブームが巻き起こります。以降、海外企業の進出が相次ぎ、韓国生まれのコーヒー企業と鎬《しのぎ》を削り、通りのいたるところにカフェが開業。何軒かが隣り合わせで軒を連ねることも珍しくなくなりました。また英語力の高い韓国の人々は、積極的にアメリカのコーヒー事情を学び取り、世界一の人数のQグレーダー（219頁）を抱える、スペシャルティコーヒー消費国に成長したのです。

一方、中国にも1999年、北京にスターバックス1号店が出来たのですが、韓国とは対照的に、このときはそれほど盛り上がりませんでした。その背後にグローバル企業に対する反感もあったようで、2000年に故宮博物院に出店したときは大いに物議をかもしました。この店はスターバックスの業績がどん底になった2007年に撤退しています。

その状況が一変したのは、2008年のリーマンショック後です。中国政府による4兆元の景気刺激策や人民銀行の金融緩和によって、いち早く不況から立ち直った中国は、バブル時代に突入。それにともない、消費者にグルメ志向や高級志向が沸き上がり、スペシャルティなどの高級コーヒーのブームが始まったのです。雲南省や台湾ではコーヒー栽培も始動して、高級路線で販売されており、コーヒーへの関心は今後ますます高まっていくことでしょう。

サードウェーブってなんだろう？

アメリカでは21世紀に「サードウェーブ」が本格的に到来したと言われています。最近は日本でもよく耳にするようになりましたが、「サードウェーブって何なの？」と聞かれたら、皆さんはどう答えるでしょうか？

２００３年、トリシュが最初にこの言葉を使ったとき、次の特徴を掲げました。

・自動化、画一化されたスペシャルティ（スタバなど）とは異なるスタイルのカフェ
・自らの手で１杯ずつ職人気質のコーヒーを作る
・あの豆は駄目だ、この豆は駄目だといった先入観に囚われない

このとき彼女が挙げていた実例は、過去３回の世界バリスタ選手権で活躍した、ノルウェーのバリスタたちです。２００５年頃からＬＡタイムズやＮＹタイムズ、英ガーディアン紙などでこの語が使われ始めた頃も「小さな店の、タトゥーを入れたバリスタたち」などと、トリシュのイメージに近いものが紹介されています。

ところが、ジャーナリストのミッシェル・ワイスマンは著書『God in a Cup』（２００８年）の中で、１９９０年代後半開業で、ダイレクト・トレードを行うという特徴を加えて

「上書き」します。このとき彼女が挙げた具体例は、通称「サードウェーブ御三家」こと、カウンター・カルチャー・コーヒー（ダーラム）、インテリジェンシア・コーヒー&ティー（シカゴ）、スタンプタウン・コーヒー・ロースターズ（ポートランド）でした。

さらに2010年頃からは、2000年代に開店したサンフランシスコ・ベイエリアのマイクロ・ロースター（小規模自家焙煎店）の、リチュアル、ブルーボトル、フォーバレル、サイトグラスなどが注目されはじめます。なかでもブルーボトルの創業者、ジェームズ・フリーマンは、2000年代に来日して、大坊珈琲店（南青山・現在は閉店）やカフェ・ド・ランブル、カフェ・バッハなど、数々の喫茶店を巡り回った日本通で、日本のメディアではしばしばサードウェーブの中心のように、あるいはスタバの次の「黒船」として紹介されています。

このように、じつは「サードウェーブ」という言葉は、生まれて10年ほどの間に、その代表とされる店やスタイルがころころ移り変わっていて、一貫性がありません。そもそもトリシュ自身が「波」と呼ぶべきかどうかをためらうくらい、その定義（?）は曖昧でした。もしも彼女が、正しいアメリカのコーヒー史を踏まえて明確な時代区分をしていたならば、これほどややこしいことにはならなかったのかもしれません。

サードウェーブの舞台裏

つかみどころのないサードウェーブですが、全てに共通することが1つだけあります。それは（当たり前ですが）「セカンドウェーブとは別物」ということ、つまり「スターバックスに対するアンチテーゼ」である点です。そのため、じつはスターバックスの動向を追うと、サードウェーブの移り変わりの舞台裏が見えてきます。

1996年の日本進出に大成功したスターバックスは、その後もシンガポール、韓国、中国、スイス……と世界規模の展開を果たし、名実ともに「コーヒー界の巨人」にのし上がりました。しかし、2000年にシュルツがCEO（最高経営責任者）を退任してからは、事業拡大のために無理な出店を続けて歪みを生じ、コーヒーの品質が落ちて業績は悪化。次々に打ち出す打開策も的外れなものばかりで、迷走をはじめてしまいます。

さらに2007年の世界金融危機による株安が追い打ちをかけ、存亡の危機に陥ったのですが、2008年にシュルツが再び立ち上がり、CEOに復帰します。

彼が最初に宣言したのは、全米の店舗を一斉に閉鎖し、スタッフ全員にエスプレッソの淹れ方を再教育するという奇策でした。売り上げが落ちると反対した株主も多かったのですが、この宣言によって、品質向上だけでなく、底辺まで落ちていたブランドイメージの盛り返しに成功。その後、大規模なリストラを断行し、2011年9月期には業績もV字回復を果たして、シュルツは「二度目の奇跡を起こした」と呼ばれるようになります。

さて、「サードウェーブ」という言葉が登場した2003年は、スターバックスのイメージがどん底まで落ちていた時期でした。つまり最初の「サードウェーブ第一波」は、80年代からのスターバックスの活躍によって増加していた、トリシュたち「小さな店のバリスタ」が、劣化していくスターバックスに対して投げかけたアンチテーゼだったのです。

次の「サードウェーブ第二波」の中心メンバーは、じつはカップ・オブ・エクセレンスで上位落札をくり返してきた人たち——言わば、ACEとのつながりが深い人たちでした。そしてACE設立の立て役者はシュルツに何度も苦汁を飲まされてきたジョージ・ハウエル……つまり彼らにとってスターバックスは、もともと「因縁の相手」です。

21世紀に入ってから、優秀なコーヒー生産者と彼らとの間でダイレクト・トレードの動きが盛んになっていたことは既に述べました。一方のスターバックスも、1998年から試験運用していた契約農家からのフェアトレード/エコ認証コーヒーの買い取り制度に、2004年に「高品質なコーヒーの栽培や加工の推奨」を付け足した制度(C.A.F.E. プラクティス)を開始します。

じつはこの制度には、他業者よりもスターバックスを優先して生豆を取引する契約が盛り込まれていました。言い換えると、高品質なコーヒーの生産者を契約農家として囲い込もうとしたわけです。このため、両者の利害は直接、衝突していったのです。

一方、「サードウェーブ第三波」は日本の自家焙煎店に近いスタイルになっていますが、焙煎・抽出のやり方自体は、じつは第二波と大きな違いはなく、ベイエリアという地域の特殊性——シリコンバレーを擁し、数々の革新的企業を生んできた、ニューヨークに並ぶ情報発信地——に立脚していると言っていいでしょう。

元の意味にかかわらず、サードウェーブという言葉は、投資家たちには「スターバックスの後釜として成長する企業」という意味で受け止められます。2010年以降、リーマンショックから立ち直ったアメリカでは、スターバックスの復活劇も後押しして、サードウェーブ企業の将来への期待から、投資が増加していきました。

このとき、スターバックスの次のビッグスターが生まれるとしたら、アップルなど数々の革新的企業を生み出してきたベイエリアからではないかと、投資家やメディアの注目が集まります。また、この資金源の多くがシリコンバレー企業の人々で、どうせなら毎日通って、よく知っている店に出資しようという気持ちも働いたようです。

こうしてクローズアップされたのが「第三波」。特に「コーヒー界のアップル」という二つ名がついたブルーボトルは4500万ドルもの資金調達に成功し、2015年に（スターバックスが世界への足掛かりにした）日本への進出を果たすことになったのです。

日本のコーヒーの再評価

また、アメリカでは2000年代後半から徐々に、それまでまったく見向きもしていなかった、日本のコーヒーに注目が集まりはじめます。「サードウェーブ第二波」以降の人々が、日本製のコーヒー抽出器具を使い始めたのです。

スターバックスによるエスプレッソの普及は、同時に、それまでアメリカでは一般的でなかった「一杯淹て」の普及でもあります。ところが、ACEのジョージ・ハウエルから多大な影響を受けたサードウェーブ第二波は、「浅煎り」志向が多数派でした。もともとイタリアで深煎り豆を淹れるために生まれたエスプレッソは「浅煎り」向きではない抽出法です――もちろん、浅煎りエスプレッソ好きの人もいるのですが、あまり一般受けしているとは言えないのも事実です。

そこで浅煎り派の人々は当初、北欧・ボダム社などのフレンチプレスを主に使っていました。しかし、もっと浅煎りの香りの良さを活かせないかと、抽出法をあれこれ試行錯誤して、自分なりの「一杯淹て」を作ろうとする人が現れます。このとき彼らが試したものの中には、注射器のような仕組みの「エアロプレス」という新しい器具や、日本で使われているのと同じサイフォンの姿もありました。

サイフォンはもともと1910年代にアメリカで大流行したのですが、とっくに廃れてしまって、器具を作りつづけていたのは日本のガラス器具会社、HARIO社などの数社だけ。そこで日本のコーヒー抽出器具がアメリカ向けに販売されるようになったのです。

また、2006年にアメリカで「クローバーコーヒーマシン」という新型の抽出器具が発明されます。原理的にはサイフォンと同じく、コーヒーの粉とお湯を混ぜて抽出した後、吸引濾過する仕組みのマシンですが、抽出中の温度調節などが容易で、思い通りの味にしやすいとサードウェーブの人たちの間で評判になり、愛用されるようになります。ところが2008年にシュルツがその製造元を買収。スターバックス以外への提供を止めてしまいます。そこで、再び抽出器具を模索しはじめた彼らが注目したのが、ペーパードリップ。なかでもHARIO社のV60などの円錐ドリッパーが脚光を浴びました。

なお、「ポア・オーバー」と呼ばれる彼らの抽出法は、丁寧にお湯を注ぐ日本の喫茶店のドリップとは感じが違い、どばっとお湯を注ぐことが多くて、かなり乱暴に見えます。なかには抽出中に、ドリッパーの中身をスプーンでかき混ぜる人もいて驚かされました。この、ドリッパーの中身を攪拌《かくはん》するのは日本にはない使い方で、その原点にあたるアメリカの1920年代の文献でも、おいしくドリップするには厳禁とされていた方法です。おそらくは抽出槽を攪拌するサイフォンやクローバーからの発想で、その延長線でドリップ器具に辿り着いた人たちならではの「お作法」だと言えるかもしれません。

世界からの日本への注目は、2012年、メリー・ホワイトの著書『Coffee Life in Japan』で、日本独自のコーヒー文化と喫茶店が紹介されたことで、ますます高まっています。なかでも、この本で紹介されたダッチコーヒー（滴下式の水出しコーヒー）は「キョート・コーヒー」や「コールド・ブリュー」の名で2015年頃からアメリカで流行し、新しいトレンドとして世界に広まっています。

日本のコーヒー新世紀

こうして歴史を踏まえて、21世紀に入ってからの日本のコーヒーを振り返ると、いくつかの特徴が見えてきます。

その最大の変化は「グローバル化」です。20世紀末、スターバックスという「黒船」来襲以来、海外の動向に注目するコーヒー関係者が増えました。アメリカや生産国の情報がリアルタイムで入ってくるようになり、スペシャルティコーヒー店の中から、カップ・オブ・エクセレンスやサードウェーブなどの流行をいち早く取り入れ、実践するところが頭角を現します。90年代初頭に創業した堀口珈琲（世田谷）、丸山珈琲（軽井沢）などは、その代表例と言えるでしょう。

この、浅煎りのフルーティーな香りや酸味の重要性を強調する新スタイルのコーヒーは、80年代の主流だった苦味の強い「自家焙煎店」の味に馴染めなかった人たちや、若者を中心にファン層を獲得します。しかしその一方で、日本独自のコーヒー文化が——もちろんオールド・ファンの根強い人気はありますが——次第に、周囲から時代遅れと見なされていったのも事実です。

ところが2010年以降、日本のコーヒー文化が海外から注目されると風向きが変わり、国内でも再評価されるようになりました。この辺りはいかにも日本的というか、浮世絵をはじめ、他のサブカルチャー分野と同じことが、コーヒーでも起きたわけです。

巧みなメディア戦略で成功を収めたスターバックスは、2015年、サザビーリーグとの合弁を解消して、スターバックス コーヒー ジャパンを完全子会社化する方針に転換しました。これ以降、サードウェーブを謳ったブルーボトルの日本進出や、リバイバルした純喫茶のチェーン展開など、「ポスト・スターバックス」を狙う動きも活性化します。

ただ、このマーケティング戦略の中で、本来ちゃんとした意味を持つコーヒー用語が、単にトレンド創りのキーワード、キーフレーズとしていい加減に扱われ、「バズワード」化するリスクも増えているようにも思われます。

コーヒーの将来を想う

いくつか問題点はあるにせよ、現在の日本の消費者を取り巻くコーヒー環境は、歴史的に見ても恵まれていると言えるでしょう。特にこだわらないなら、道を歩けばコンビニや自販機がすぐに見つかります。それが缶コーヒー一本だとしても、ちゃんと「紛《まが》い物でない本物のコーヒー」を、飲みたいときに飲むことが可能なのです。

もう少しこだわりたいなら、スペシャルティが売りの新しいカフェや、70年代の精神を受け継ぐ深煎りネルドリップの自家焙煎店など、趣向の異なる喫茶店のコーヒーに巡り合うことができます。最古のブランド「モカ」も、21世紀の新品種である「ゲイシャ」も、そのときの気分で、どちらでも好きなほうを飲める……なんと贅沢なことでしょうか。

自分の家で淹れたり焙煎したりして愉しむ場合にも、私が趣味としてコーヒーをはじめてからの30年間で大きな変化がありました。器具やコーヒー豆、昔はどこで買えるか調べるのも一苦労だった生豆も、ネットで手軽に買えるのですから、ありがたい限りです。

コーヒーを取り巻く時代の流れは、この瞬間も進みつづけています。2015年の推計によれば、アメリカではスペシャルティコーヒーのシェアが約50％に到達したとのこと。もはや特別《スペシャル》が特別でなくなる日も近いのかもしれません。サードウェーブ勢の動向も激しく、スタンプタウンとインテリジェンシアは、独JABホールディングス傘下となったピーツ・コーヒー&ティーに、ブルーボトルはネスレに買収されました。

もちろん、良い変化ばかりが訪れるとは限りません。今の活況を支えているシリコンバレーや中国の景気も、ここ数年の日本でのコーヒーブームもいつまで続くかは不明です。そうした社会の変化が起きた後でも、今みたいにコーヒーを愉しめる状況が続くという保証はないのです。生産国に目を向ければ、近年の高品質志向の陰で、病虫害に弱い品種の作付け増加による新型さび病の流行や、地球温暖化によるアラビカ生産エリアの縮小など、近未来のリスクが指摘されており、今は「サステイナビリティ（持続可能性）」が、フェアトレードやエコロジーに続くキーワードになっています。

こうしたニュースを聞くたびに、手元のカップの中を見ながら「もしかしたら本当に、将来はコーヒーが飲めなくなるんだろうか」と考えないではありません。しかし、コーヒーの辿った歴史を考えると、少なくとも「コーヒーという飲み物」が生まれてからは、時代ごとにさまざまに、その有り様は変わっても、コーヒー自体が完全に消えてしまうことはなかったのです。

コーヒーに熱い思いを抱く人がいる限り、きっと何十年、何百年後も、地球のどこかで誰かが、その歴史に思いを馳せながら、一杯のコーヒーを飲んでいるに違いありません。

——そう、今のあなたや私と同じように。

おわりに

私は典型的な「理系人間」で、じつは子供の頃から、社会科――歴史、地理、政治経済――には、今ひとつ関心を持てずにいました。大学時代にコーヒーにはまるようになってからも、まずはコーヒーの化学、生物学的な面に興味を抱いたのですが、コーヒーノキの品種についての植物学的な資料を調べていたとき、歴史や地理の知識の重要性に気付かされました。それぞれの品種が、いつ、どこで生まれて、どの地域に持ち込まれたか、その来歴や経緯を知るには、当時の時代背景を知らないと理解できなかったからです。

今は非常にありがたいことに、インターネットの普及によって、一昔前なら信じられない数の文献が……それも18世紀のド・サッシーのフランス語文献やユーカースの原書ですら、簡単に入手可能です。またフランス語やラテン語で書かれた原書もネット経由で英訳して、他の訳本と照らし合わせて自分でも中身が検証できる時代になりました。そうして歴史を追いかけていくうちに、生産国側だけでなく消費国との関係や、政治・経済情勢など、いろいろな事象が頭の中でやっと有機的につながってきました。知れば知るほど奥が深く、自分の勉強不足を痛感しつづける毎日です。

執筆にあたって実生活、ネット上を問わず、多くの方からさまざまなご教示をいただきました。なかでも「コーヒーおたく」としての先輩にあたる、辻静雄料理教育研究所の山内秀文先生と、鳥目散帰山人こと池ケ谷靖氏に、多くの助言と実りある議論をしていただいたことに深謝します。彼らと知己を得るきっかけを下さった、カフェ・バッハの田口護・文子ご夫妻にも、この場を借りて御礼申し上げます。また、いつも支えてくれる滋賀医大微生物感染症学部門の同僚たち、知人友人、家族たちにも、この場を借りて感謝の意を伝えたいと思います。

そして本稿執筆中の2016年12月に逝去された、福岡「珈琲美美」の故・森光宗男氏に、慎んで哀悼の意を表します。思えば、エチオピアやイエメンのモカにかける森光氏の情熱と、現地調査を含めた貴重な知見の数々が、私がコーヒーの起源を考察しようと思い立った最大のきっかけでした。

最後になりましたが、執筆を支援してくださった講談社現代新書の米沢勇基氏、青木肇編集長をはじめ、この本が形になるきっかけとなった前著『コーヒーの科学』以来の付き合いとなる能川佳子氏と家中信幸氏、そして本書に関わった講談社の全ての方々に深く御礼申し上げます。

2017年9月

旦部幸博

主な参考文献（アルファベット／五十音順）

●海外文献

Abd-Alkader "Les preuves les plus fortes en faveur de la légitimité de l'usage du Café" *In* Antoine Isaac Silvestre de Sacy (1826) "Chrestomathie arabe", Imprimerie royale, Paris

Alexander D. Knysh (1999) "Ibn 'Arabi in the later Islamic tradition", State University of New York Press, NY

Aurélie Lécolier *et al.* (2009) "Unraveling the origin of Coffea arabica 'Bourbon pointu' from La Réunion: A historical and scientific perspective" Euphytica168: 1–10

Clifford E. Bosworth *et al.* eds, (1960-) "Encyclopædia of Islām", new ed., 12 vols., E. J. Brill, Leiden

Fausto A. Naironi (1671) "De saluberrima potione cahue, seu cafe nuncupata discursus", typis Michaelis Herculis, Rome

François Anthony *et al.* (2010) "Adaptive radiation in *Coffea* subgenus *Coffea* L. (Rubiaceae) in Africa and Madagascar" Plant Syst. Evol. 285: 51-64

Frederick L. Wellman (1961) "Coffee: Botany, cultivation, and utilization" (World crops books), Interscience Publishers Inc., NY

Gavin R. Nathan (2006) "Historic Taverns of Boston", iUniverse, NE

Henri Welter (1868) "Essai sur l'histoire du café" C. Reinwald Éditeur, Paris

Ibn Sina "Avicennae Arabum medicorum principis" (1608, Latin version), Venice

James Bruce (1790) "Travels to discover the source of the Nile, in the years 1768, 1769, 1770, 1771, 1772, and 1773" (Vol. 2), Edinburgh

Jean N. Wintgens (ed.) (2009) "Coffee: Growing, Processing, Sustainable Production", Wiley-VCH Verlag GmbH & Co., Weinheim, Germany

Jeremy Block *et al.* (2005) "Kahawa: Kenya's Black Gold: The Story of Kenya Coffee", C. Dorman Ltd, Nairobi

Johann L. Krapf (1860) "Travels, Researches, and Missionary Labours, During an Eighteen Years' Residence in Eastern Africa", Trübner and Company, London

John H. Speke (1864) "What Led to the Discovery of the source of the Nile", William Blackwood and Sons, Edinburgh

Katib Çelebi et al. "Gihan numa: geographia orientalis", Matthias Norberg (1818, Latin translation), Literis Berlingianis, London

Lee Jolliffe (2010) "Coffee Culture, Destinations and Tourism", Channel View Publications, Bristol, UK

Leonhart Rauwolf (1582) "Dr. Leonhart Rauwolf's journey into the Eastern countries", John Ray (1693, English translation), London

Markman Ellis (2005) "The coffee house: A cultural history", Weidenfeld & Nicolson, London

Maxine Margolis (1979) "Green gold and ice: The impact of frosts on the coffee growing region of northern Parana, Brazil", Mass Emergencies: 135-144

Merry White (2012) "Coffee Life in Japan", University of California Press, CA

Michaele Weissman (2008) "God in a Cup: The obsessive Quest for the Perfect Coffee" John Wiley & Sons, NJ

Michel Tuchscherer (ed.) (2001) "Le commerce du café avant l'ère des plantations coloniales" Institut français d'archéologie orientale, Cairo

Necati Öztürk (1981) "Islamic Orthodoxy among the Ottomans in the Seventeenth Century with Special Reference to the Qadi Zade Movement" Ph. D. diss, University of Edinburgh

Pierre G. Sylvain (1955) "Some observations on *Coffea arabica* L. in Ethiopia", Turrialba 5: 37-53

Pieter J. S. Cramer (1957) "A review of literature of coffee research in Indonesia" Inter-American Institute of Agricultural Sciences, Turrialba, Costa Rica
Prosperi Alpini (1592) "Medicina Aegyptiorum", Leiden
Richard Pankhurst (1997) "The Ethiopian Borderlands" Red Sea Press, NJ
Stanley J. Stein (1985), "Vassouras: A Brazilian coffee county, 1850-1900", Princeton University Press, NJ
Stuart C. Munro-Hay (2002) "Ethiopia, the Unknown Land: A Cultural and Historical Guide", I. B. Tauris & Company, London
Sudha Sitharaman (2010) "Repairing the Sufi Cave or Making It Hindu?" Economic and Political Weekly 45, 20-23
Susie Spindler (2000) "Brazil Internet Auction: The Grand Experiment", Tea and Coffee Trade online, 172, Feb/March 2000
Venetia Porter (1992) "The history and monuments of the Tahirid dynasty of the Yemen 858-923/1454-1517" Ph. D. thesis, Durham University
William H. Ukers (1922 & 1935) "All About Coffee" Tea and Coffee Trade Journal Co, NY

●海外翻訳

アントニー・ワイルド（２００４）『コーヒーの真実』三角和代訳（２０１１）白揚社
エドワード・ブラマー（１９７２）『珈琲・紅茶誌』梅田晴夫訳（１９７４）東京書房社
ジャック・ル・ゴフほか（１９６７）『フランス文化史』桐村泰次訳（２０１２）論創社
ニコラス・マネー（２００６）『チョコレートを滅ぼしたカビ・キノコの話』小川真訳（２００８）築地書館
ハワード・シュルツ、ドリー・J・ヤング（１９９７）『スターバックス成功物語』小幡照雄、大川修二訳（１９９８）日経ＢＰ社
ブライアン・サイモン（２００９）『お望みなのは、コーヒーですか？』宮田伊知郎訳（２０１３）岩波書店
ブリア－サヴァラン（１８４８）『美味礼讃』（岩波文庫）関根秀雄、戸部松実訳（１９６７）岩波書店
ベネット・A・ワインバーグ&ボニー・K・ビーラー（２００１）『カフェイン大全』別宮貞徳ほか訳（２００６）八坂書房
マーク・ペンダーグラスト（１９９９）『コーヒーの歴史』樋口幸子訳（２００２）河出書房新社
マルコ・ポーロ『東方見聞録』（東洋文庫）愛宕松男訳（１９７０）平凡社
ユヴァル・ノア・ハラリ（２０１１）『サピエンス全史』柴田裕之訳（２０１６）河出書房新社
ラルフ・S・ハトックス（１９８５）『コーヒーとコーヒーハウス』斎藤富美子・田村愛理訳（１９９３）同文舘出版

●日本語文献

家島彦一（２００６）『海域から見た歴史：インド洋と地中海を結ぶ交流史』名古屋大学出版会
岩切正介（２００９）『男たちの仕事場――近代ロンドンのコーヒーハウス』法政大学出版局
臼井隆一郎（１９９２）『コーヒーが廻り世界史が廻る』（中公新書）中央公論新社
臼井隆一郎（２０１６）『アウシュビッツのコーヒー』石風社
梅本龍夫（２０１５）『日本スターバックス物語』早川書房
オックスファム・インターナショナル（２００３）『コーヒー危機――作られる貧困』筑波書房
川北稔ほか（編）（１９９８―）『新版世界各国史』全28巻、山川出版社

栗山保之（1994）「ザビード：南アラビアの学術都市」オリエント37：53—74
小林章夫（2000）『コーヒー・ハウス』（講談社学術文庫）講談社
嶋中労（2008）『コーヒーに憑かれた男たち』（中公文庫）中央公論新社
妹尾裕彦（2009）「コーヒー危機の原因とコーヒー収入の安定・向上策をめぐる神話と現実」千葉大教育学部研究紀要57：203—228
全日本コーヒー商工組合連合会日本コーヒー史編集委員会編（1980）『日本コーヒー史』全日本コーヒー商工組合連合会
高井尚之（2014）『カフェと日本人』（講談社現代新書）講談社
高橋圭（2014）『スーフィー教団：民衆イスラームの伝統と再生』（イスラームを知る）山川出版社
田口護（2011）『田口護のスペシャルティコーヒー大全』NHK出版
田口護、旦部幸博（2014）『コーヒー　おいしさの方程式』NHK出版
旦部幸博（2016）『コーヒーの科学』（ブルーバックス）講談社
中根光敏（2014）『珈琲飲み：「コーヒー文化」私論』洛北出版
野田宇太郎（1975）『日本耽美派文学の誕生』河出書房新社
林哲夫（2002）『喫茶店の時代』編集工房ノア
平田達治（1996）『ウィーンのカフェ』大修館書店
福井勝義ほか（2010）『世界の歴史24：アフリカの民族と社会』（中公文庫）中央公論新社
堀部洋生（1985）『ブラジルコーヒーの歴史』いなほ書房
宮本謙介（1990）『オランダ植民地支配とジャワの在地首長層』経済学研究39：575—594
守屋毅（編）（1981）『茶の文化：その総合的研究』第二部（茶道文化選書）淡交社
山田早苗（2005）『珈琲入門』（食品知識ミニブックシリーズ）日本食料新聞社

●ウェブサイト（以下、ウェブサイトは断りの無い場合、すべて2017年9月25日アクセス確認）
ACEウェブサイト https://www.allianceforcoffeeexcellence.org/
Bryan Lewin *et al.* (2004) "Coffee Markets: New Paradigms in Global Supply and Demand", The World Bank, http://documents.worldbank.org/curated/en/899311468167958765/Coffee-markets-New-paradigms-in-global-supply-and-demand（2017年7月11日最終アクセス）
CQIウェブサイト　http://www.coffeeinstitute.org/
De VOC website, "Arabië; Mocha", https://www.vocsite.nl/geschiedenis/handelsposten/mocha.html
FAOSTAT統計　http://www.fao.org/faostat/
ICOウェブサイト http://www.ico.org/
Kenneth Davids, "Coffee Review" http://www.coffeereview.com/
SCAAウェブサイト http://www.scaa.org/
Trish R. Skeie (2003) "Norway and Coffee" The Flamekeeper, Spring 2003 http://roastersguild.org/052003_norway.shtml（2003年10月11日最終アクセス）
USAID (2005) "Moving Yemen coffee forward", http://pdf.usaid.gov/pdf_docs/Pnadf516.pdf
全日本コーヒー協会統計資料 http://coffee.ajca.or.jp/data
日本スペシャルティーコーヒー協会　http://www.scaj.org/
山内秀文（2004）カフェ・マニアックス
http://www.tsujicho.com/oishii/recipe/pain/cafemania/index.html

N.D.C. 209　254p　18cm
ISBN978-4-06-288445-7

講談社現代新書　2445
珈琲《コーヒー》の世《せ》界《かい》史《し》
二〇一七年一〇月二〇日第一刷発行

著者　旦部《たんべ》幸博《ゆきひろ》

発行者　鈴木 哲
発行所　株式会社講談社
東京都文京区音羽二丁目一二―二一　郵便番号一一二―八〇〇一
電話　〇三―五三九五―三五二一　編集（現代新書）
〇三―五三九五―四四一五　販売
〇三―五三九五―三六一五　業務
装幀者　中島英樹
印刷所　凸版印刷株式会社
製本所　株式会社大進堂
定価はカバーに表示してあります　Printed in Japan

「講談社現代新書」の刊行にあたって

教養は万人が身をもって養い創造すべきものであって、一部の専門家の占有物として、ただ一方的に人々の手もとに配布され伝達されうるものではありません。

しかし、不幸にしてわが国の現状では、教養の重要な養いとなるべき書物は、ほとんど講壇からの天下りや単なる解説に終始し、知識技術を真剣に希求する青少年・学生・一般民衆の根本的な疑問や興味は、けっして十分に答えられ、解きほぐされ、手引きされることがありません。万人の内奥から発した真正の教養への芽ばえが、こうして放置され、むなしく滅びさる運命にゆだねられているのです。

このことは、中・高校だけで教育をおわる人々の成長をはばんでいるだけでなく、大学に進んだり、インテリと目されたりする人々の精神力の健康さえもむしばみ、わが国の文化の実質をまことに脆弱なものにしています。単なる博識以上の根強い思索力・判断力、および確かな技術にささえられた教養を必要とする日本の将来にとって、これは真剣に憂慮されなければならない事態であるといわなければなりません。

わたしたちの「講談社現代新書」は、この事態の克服を意図して計画されたものです。これによってわたしたちは、講壇からの天下りでもなく、単なる解説書でもない、もっぱら万人の魂に生ずる初発的かつ根本的な問題をとらえ、掘り起こし、手引きし、しかも最新の知識への展望を万人に確立させる書物を、新しく世の中に送り出したいと念願しています。

わたしたちは、創業以来民衆を対象とする啓蒙の仕事に専心してきた講談社にとって、これこそもっともふさわしい課題であり、伝統ある出版社としての義務でもあると考えているのです。

一九六四年四月　野間省一